"周九小算典" 系列丛书

Innovative Solutions to Integer Multiplication

巧算整数乘法

周国煜 李 倩 著

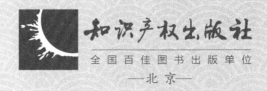

知识产权出版社

全国百佳图书出版单位

——北京——

图书在版编目（CIP）数据

巧算整数乘法 / 周国煜，李倩著 . —北京：知识产权出版社，2021.6
ISBN 978-7-5130-7536-7

Ⅰ . ①巧… Ⅱ . ①周… ②李… Ⅲ . ①算术运算－青少年读物
Ⅳ . ① O121-49

中国版本图书馆 CIP 数据核字（2021）第 094509 号

内容提要

　　《巧算整数乘法》是一本探索整数乘法运算规律的趣味工具书，宗旨是注重巧算实践，力避对巧算理论推导的过度追求。本书主要章节包括乘以 9 的巧算、互逆数相减、顺序数乘以特殊的两位数、求数的平方或立方、符号补数、幻数、乘数为 1111 等，是青少年数学爱好者、辅导孩子学习初等数学的家长及老师的益友。

　　责任编辑：张　珑　徐家春　　　　　　　　责任印制：孙婷婷

巧算整数乘法

QIAOSUAN ZHENGSHU CHENGFA

周国煜　李　倩　著

出版发行：知识产权出版社有限责任公司		网　　址：http://www.ipph.cn	
电　话：010-82004826		http://www.laichushu.com	
社　址：北京市海淀区气象路 50 号院		邮　编：100081	
责编电话：010-82000860 转 8573		责编邮箱：laichushu@cnipr.com	
发行电话：010-82000860 转 8101		发行传真：010-82000893	
印　刷：北京建宏印刷有限公司		经　销：各大网上书店、新华书店及相关专业书店	
开　本：787mm×1092mm　1/16		印　张：10.75	
版　次：2021 年 6 月第 1 版		印　次：2021 年 6 月第 1 次印刷	
字　数：206 千字		定　价：67.00 元	

ISBN 978-7-5130-7536-7

This book is dedicated to my mother

此書敬獻給

我的母親

前言

　　商代甲骨文就有十进制数的记载。我国十进制的"算筹数字"作为计算工具早在公元前七世纪的春秋战国时期就已经使用，这在古埃及、古巴比伦、古希腊、古印度、古罗马等文明中皆不见涉及。

　　公元六世纪印度才使用十进制记数，约公元九世纪传入阿拉伯后又传入欧洲，并奠定以 0 至 9 为基数的现代十进制。

　　中华传统文化视九为具有神奇色彩的天数：万物皆始于一终于九。

　　熟练掌握加减乘除运算规则及九九口诀，是巧算的基础。而巧算又使熟练掌握加减乘除运算规则及九九口诀者如虎添翼。

　　每一位有良知、负责任者都会真实地告知人们：巧算只是基础数学中某些特殊数运算的快捷方法而已。巧算不是万能的，但可以培养学生学习数学的兴趣及运算技巧，使学生在探索、应变、创新诸方面的能力有所提高。

　　《巧算整数乘法》是一本探索整数乘法运算规律、编写整数相乘运算程序算法的趣味工具书。因此《巧算整数乘法》是青少年数学爱好者、辅导孩子学习初等数学的家长及老师的益友。

　　《巧算整数乘法》的宗旨是注重巧算实践，力避对巧算理论根据加以推导的过度追求，并期待"实践出真知"能弥补这一缺憾。

　　尽管本书的内容具有独创性、全面性、系统性，但也难免存有疏漏甚至荒谬之处，诚望朋友不吝斧正。

　　作者衷心感谢张连诚教授、朱绍瑞教授、周天欢博士以及张云灏、李雪丁、王玉柱等朋友在本书编写过程中给予的鼎力支持。

目录

导读篇

（1）87×99=?   1

（2）949×999=?   1

（3）98^2=?   1

预备篇

（1）十位数同为 1 的两个两位数相乘   2

（2）十位数相同的两位数相乘   3

（3）个位数为 5 的数 N5 的平方   4

（4）N、M 是正整数，求 N5 × M5   4

（5）N5 乘以 5   5

（6）个位数非 5 的正整数 N 乘以 5   5

（7）将减法转换为加法   6

第一章　乘以 9 的巧算

101.　一位数 a 乘以 9   8

102.　两位数 ab 乘以 9   8

103.　三位数 abc 乘以 9   9

104.　四位数 abcd 乘以 9   10

105.　五位数 abcde 乘以 9   11

106. 一位数 a 乘以 99 12

107. 两位数 ab 乘以 99 12

108. 三位数 abc 乘以 99 13

109. 四位数 abcd 乘以 99 14

110. 五位数 abcde 乘以 99 14

111. 六位数 abcdef 乘以 99 15

112. 一位数 a 乘以 999 15

113. 两位数 ab 乘以 999 15

114. 三位数 abc 乘以 999 16

115. 四位数 abcd 乘以 999 16

116. 五位数 abcde 乘以 999 17

117. 六位数 abcdef 乘以 999 17

118. 一位数 a 乘以 9999 18

119. 两位数 ab 乘以 9999 18

120. 三位数 abc 乘以 9999 18

121. 四位数 abcd 乘以 9999 19

122. 五位数 abcde 乘以 9999 19

123. 六位数 abcdef 乘以 9999 20

124. 一位数 a 乘以 99999 20

125. 两位数 ab 乘以 99999 20

126. 三位数 abc 乘以 99999 21

127. 四位数 abcd 乘以 99999 21

128. 五位数 abcde 乘以 99999 21

129. 六位数 abcdef 乘以 99999 22

130. 实例总结某数乘以 $9_{(n)}9$ 22

131. $a_{(n)}a \times 9_{(m)}9 = a_{(m)}a \times 9_{(n)}9$ 24

132. 巧算 $9_{(n)}9^2$（$1 \leq n \leq 4$） 26

133. 巧算 $9_{(n)}9^3$ 27

134.	巧算 $9_{(n)}9^4$	27
135.	巧算 $9_{(n)}9^5$	27

第二章　互逆数相减

201.	两位互逆数相减	29
202.	三位互逆数相减	29
203.	四位互逆数相减	30
204.	首尾互调的四位数相减	30
205.	五位互逆数相减	30
206.	首尾互换的五位数相减	31
207.	总结 a、b、c、d、e 互不相等	31

第三章　顺序数乘以特殊的两位数 VW

301.	两位顺序数 $\underline{ab} \times \underline{VW}$	32
302.	确定两个因数乘积的位数	33
303.	三位顺序数 $\underline{abc}$ 乘以 $\underline{VW}$	33
304.	四位顺序数 $\underline{abcd}$ 乘以 $\underline{VW}$	34
305.	五位顺序数 $\underline{abcde}$ 乘以 $\underline{VW}$	35
306.	六位顺序数 $\underline{abcdef}$ 乘以 $\underline{VW}$	36
307.	七位顺序数 $\underline{abcdefg}$ 乘以 $\underline{VW}$	36

第四章　求数的平方或立方

401.	两位数的平方	37
402.	求 $\underline{a1}^2$	42
403.	求 $\underline{a9}^2$	43
404.	求 $\underline{aa}^2$	43
405.	已知 $\underline{a1}^2$ 的值，求 $\underline{ab}^2$	44
406.	$\underline{aa} \times \underline{bb}$	44
407.	$\underline{ab} \times \underline{cc}$	45

408. 三位数的平方   46

409. 两位数的立方   50

第五章　符号补数

501. 被乘数与乘数对 10^t 求符补且同号   52

502. 被乘数与乘数对 10^t 求符补且异号   55

503. 被乘数与乘数对 $N \times 10^t$ 求符补且同号   57

504. 被乘数与乘数对 $N \times 10^t$ 求符补且异号   60

505. 被乘数约是乘数的 10^n 倍且符补同号   63

506. 被乘数约是乘数的 10^n 倍且符补异号   65

507. 被乘数约是乘数的 10^n 倍，对 $N \times 10^t$ 求符补且同号   68

508. 被乘数约是乘数的 10^n 倍，对 $N \times 10^t$ 求符补且异号   71

第六章　幻数

601. 幻数的定义   74

602. 幻数的应用   74

603. 有关幻数的提示   78

604. $a+b=10$ 求 $\underline{ab} \times c_{(n)}c$ 82

第七章　乘数为 $1_{(n)}1$

701. $\underline{ab}\cdots \times 11$ 84

702. $\underline{ab}\cdots \times 111$ 的通解公式   86

703. $\underline{ab} \times 111$ 87

704. $\underline{abc} \times 111$ ($a \neq 9$，$b+c=10$)   90

705. $\underline{abc} \times 111$ ($a=9$，$b+c=10$)   92

706. $\underline{abc} \times 111$ ($b+c \neq 10$)   94

707. $\underline{abcd} \times 111$ 98

708. $\underline{ab}\cdots \times 1111$ 的通解公式   101

709. $\underline{abc} \times 111$ 103

710. $\underline{abcd}\cdots \times 1111$ 106

711. $\underline{ab} \times 1_{(n)}1 (n \geqslant 1)$ 107

712. $1_{(n)}1^2 > 1_{(n-1)}1 \times 1_{(n+1)}1$（$1 \le n \le 8$） 108

第八章 拾零

801. 两位数乘以两位数 109
802. 三位数乘以两位数 114
803. $\underline{ab} \times \underline{vvv}$（$1 \le v \le 9$） 116
804. 三位数乘以三位数 117
805. $\underline{ab\cdots} \times 101$ 127
806. $\underline{ab\cdots} \times \underline{10N}$（$2 \le N \le 9$） 130
807. 四位数乘以四位数 133
808. $\underline{ab\cdots} \times 1001$ 134
809. 顺序数乘以 9 134
810. 顺序数乘以 8 136
811. 首数为 1 的顺序数乘以 7 137
812. 首数非 1 的顺序数乘以 7 138
813. 综合趣算与思辩 141

第九章 整数除以 7

901. 判断三四位数能否被 7 整除 147
902. 判断多位数能否被 7 整除 148
903. 求两位数 $\underline{ab} \div 7$ 的余数 149
904. 求三位数 $\underline{abc} \div 7$ 的余数 150
905. 求四位数 $\underline{abcd} \div 7$ 的余数 151
906. 逐次递减 7 的整数倍求商 152
907. 分段求商 154
908. 小数商的循环周期 155

后记

当代巧算思维的旗帜——喜读周国煜老师的《巧算整数乘法》 157
编者的话 158

导读篇

定义 1 a 是非零正整数，

ab=a×10+b，例如 a9=a×10+9；

8b=8×10+b；

3(6+2)=3×10+8=38。

a 与 b 相乘记为：ab。

该定义若与传统初等代数表达相冲突，应以该定义为准。

定义 2 非零整数相乘的积称为全积，记作 QH。其中 Q 是前积，H 是后积。

若全积记为 QZH，其中 Z 是中积；jH，j 是进位数，H 是后积。

因为 QH、QZH、jH 是定义的特殊符号，所以其下横线被省略。

本书用一分钟教会读者快速、准确计算下列任一题：

（1）87×99=?

解：第一步：87−1=86=Q 是前积

第二步：99−86=13=H 是后积

87×99=QH=8613=8613

（2）949×999=?

解：第一步：949−1=948=Q 是前积

第二步：999−948=051=H 是后积

949×999=QH=948051=948051

（3）98^2=?

解：98=100−02

98−02=96=Q

$(02)^2$=04=H

98^2=QH=9604=9604

1

预备篇

（1）十位数同为 1 的两个两位数相乘

（a）已知 a=1，b+c≠10，求 $\underline{ab}×\underline{ac}$

若 bc 为一位数，则 bc 是后积 H；若 bc=jH，则 j 为进位。

$\underline{ab}+c+j=\underline{ac}+b+j=Q$ 是前积。

例1 12×14=?

解：bc=2×4=8=H

$\underline{ab}+c=12+4=\underline{ac}+b=14+2=16=Q$

12×14=QH=168=168

例2 17×18=?

解：7×8=56，H=6，j=5 进位

17+8+5=18+7+5=30=Q

17×18=QH=306=306

例3 19^2=19×19=?

解1：9×9=81，H=1

j=8 进位

19+9+8=36=Q

19^2=QH=361=361

解2：b^2=jH，后积 H 是一位数，j 进位

10+2×b+j=Q

9^2=81=jH，H=1，j=8 进位

10+2×9+j=28+8=36=Q

19^2=QH=361=361

（b）已知 a=1，b+c=10，求 $\underline{ab}×\underline{ac}$

bc 若是两位数，则 bc 是后积 H；

bc 若是一位数，则在前加一位 0，生成的两位数是后积 H。

a(a+1)=2=Q 是前积。

例1 $12 \times 18 = ?$

解：$bc = 2 \times 8 = 16 = H$

$a(a+1) = 1 \times 2 = 2 = Q$

$12 \times 18 = QH = 216 = 216$

例2 $11 \times 19 = ?$

解：$1 \times 9 = 09 = H$

$a(a+1) = 1 \times 2 = 2 = Q$

$11 \times 19 = QH = 209 = 209$

（2）十位数相同的两位数相乘

（a）已知 $a \geqslant 2$，$bc \neq 0$，

$b+c \neq 10$，求 $\underline{ab} \times \underline{ac}$

$bc = jH$，H 为一位数是后积

j 进位

$a(\underline{ab}+c)+j = a(\underline{ac}+b)+j = Q$ 是前积

例1 $72 \times 73 = ?$

解：$bc = 2 \times 3 = 6 = H$

$a(\underline{ab}+c) = 7(72+3) = 7(73+2)$

$= 7 \times 75 = 525 = Q$

$72 \times 73 = QH = 5256 = 5256$

例2 $85 \times 89 = ?$

解：$5 \times 9 = 45$，$H = 5$，$j = 4$ 进位

$8(85+9)+4 = 8(89+5)+4 = 756 = Q$

$85 \times 89 = QH = 7565 = 7565$

（b）已知 $a \geqslant 2$，$bc \neq 0$

$b+c = 10$，求 $\underline{ab} \times \underline{ac}$

bc 若为两位数是后积 H；bc 若是一位数则前置一位 0。

$a(a+1) = Q$ 是前积。

例1 $63 \times 67 = ?$

解1：$3 \times 7 = 21 = H$

$6 \times (6+1) = 42 = Q$

$63 \times 67 = QH = 4221 = 4221$

解2：$\underline{ab} \times \underline{ac}$

$= (\underline{a5})^2 - (5-b)^2$

$63 \times 67 = 65^2 - (5-3)^2 = 4221$

或：$\underline{ab} \times \underline{ac} = (\underline{a5})^2 - (c-5)^2$

$63 \times 67 = 65^2 - (7-5)^2 = 4221$

例2 $81 \times 89 = ?$

解1：$1 \times 9 = 09 = H$

$8 \times (8+1) = 72 = Q$

$81 \times 89 = QH = 7209 = 7209$

解2：$\underline{ab} \times \underline{ac} = (a5)^2 - (5-b)^2$

$81 \times 89 = 85^2 - (5-1)^2$

$= 7225 - 16 = 7209$

或：$\underline{ab} \times \underline{ac} = (a5)^2 - (c-5)^2$

$81 \times 89 = 85^2 - (9-5)^2$

$= 7225 - 16 = 7209$

（3）个位数为 5 的数 $\underline{N5}$ 的平方

H=25 是后积；N(N+1)=Q 是前积。

例1 $75^2 = ?$

解：H=25

$N(N+1) = 7 \times (7+1) = 56 = Q$

$75^2 = QH = 5625 = 5625$

例2 $135^2 = ?$

解：H=25

$13 \times (13+1) = 182 = Q$

$135^2 = QH = 18225 = 18225$

例3 $9985^2 = ?$

解：H=25

$998(998+1) = 998 \times 999 = 997002 = Q$

$9985^2 = QH = 99700225 = 99700225$

（4）N、M 是正整数，求 $\underline{N5} \times \underline{M5}$

（a）N，M 同为偶数或同为奇数

H=25，$NM + (N+M) \div 2 = Q$

$\underline{N5} \times \underline{M5} = QH$

例1 $65 \times 85 = ?$

解：N=6，M=8 同是偶数

H=25

$NM + (N+M) \div 2 = 6 \times 8 + (6+8) \div 2$

$= 55 = Q$

$65 \times 85 = QH = 5525 = 5525$

例2 $35 \times 115 = ?$

解：N=3，M=11 同是奇数

H=25

$NM + (N+M) \div 2$

$= 3 \times 11 + (3+11) \div 2 = 40 = Q$

$35 \times 115 = QH = 4025 = 4025$

（b）N、M 一个为偶数，另一个为奇数

H=75，N×M+(N+M−1)÷2=Q

<u>N</u>5×<u>M</u>5=QH

例 1 25×135=？

解 1：N=2 是偶数

M=13 是奇数

H=75

NM+(N+M−1)÷2

=2×13+(2+13−1)÷2=33=Q

25×135=QH=3375=3375

解 2：H=75

NM=2×13=26

对 (N+M)÷2=(2+13)÷2=7.5

对 7.5 取整得 7

26+7=33=Q

25×135=QH=3375=3375

（5）<u>N</u>5 乘以 5

约定：视 5 为两位数 05，且 0 为偶数。

（a）N 是偶数

H=25，N÷2=Q，<u>N</u>5×5=QH

例 1 785×5=？

解：785×5=785×05

N=78 与 0 同为偶数

H=25，N÷2=78÷2=39=Q

785×5=QH=3925=3925

（b）N 是奇数

H=75，(N−1)÷2=Q，<u>N</u>5×5=QH

例 1 1235×5=？

解 1：1235×5=1235×05

N=123 是奇数，0 是偶数

H=75

(N−1)÷2=(123−1)÷2=61=Q

1235×5=QH=6175=6175

解 2：1235×5=1235×05

对 N÷2=123÷2=61.5

取整 Q=61，H=75

1235×5=QH=6175=6175

（6）个位数非 5 的正整数 N 乘以 5

（a）N 是偶数

H=0 是后积，N÷2=Q 是前积

N×5=QH

例1 786×5=?

解：N=786 是偶数

H=0，786÷2=393=Q

786×5=QH=3930=3930

（b）N 是奇数

H=5 是后积，(N−1)÷2=Q 是前积

N×5=QH

例1 9993×5=?

解1：N=9993 是奇数

H=5，(9993−1)÷2=4996=Q

9993×5=QH=49965=49965

解2 对 N÷2

=9993÷2=4996.5

取整 Q=4996，H=5

9993×5=QH=49965=49965

（7）将减法转换为加法

被减数某数（组）位上的数小于减数对应数（组）位上的数，被

减数该数位上的数加减数对应数10的补[①]，被减数前一位数自动减1。

例1 94−78=?

解：4<8，8&10=10−8=2

4+2=6 是后差

9−1−7=1 是前差

94−78=16

例2 836−69=?

解：36<69，69&100=31

36+31=67 是后差

8−1=7 是前差

836−69=767=767

例3 9623−987=?

解1：623<987，987&10^3=13

623+13=636 是后差

9−1=8 是前差

9623−987=8636

解2：987&1000=13

9623−987=9623+13−1000=8636

---

① "补"的定义见第 8 页

例 4 $8192-6857=?$

解 1： $857 \& 10^3=143$

$192+143=335$ 是后差

$8-6-1=1$ 是前差

$8192-6857=1335$

解 2： $6857 \& 7000=143$

$8192-6857=8192+143-7000$

$=1335$

例 5 $9268-8965=?$

解 1： $68-65=3$

$92-89=3$

$9268-8965=303$

解 2： $965 \& 10^3=35$

$268+35=303$

$9-8-1=0$

$9268-8965=0303=303$

例 6. $60345-9687=?$

解： $9687 \& 10^4=313$

$0345+313=0658$ 是后差

$6-1=5$ 是前差

$60345-9687=50658$

例 7 $1000-689=?$

解： 原式 $=999-688=311$

例 8 $10000-7698=?$

解： 原式 $=9999-7697=2302$

第一章 乘以 9 的巧算

定义 1 正整数 a、b，若 $10^n - a = b$，则称 a 对 10^n 的补是 b。

常见的 10^n 有：$10^1 = 10$、$10^2 = 100$、$10^3 = 1000$、$10^5 = 100000$，等等。

a 对 10 的补 b 记为 $a\&10 = 10 - a$；06 对 100 的补：$06\&100 = 94$。

定义 2 为了记数方便，将六位整数 888888 记为 $8_{(5)}8$；再如 $99999^2 = 9_{(4)}9^2$。

定义 3 数 N 至少是一位正整数，根据需要可以在它前面置若干位 0，如在 8 前面置两位 0，生成三位数 008。添 0 占位是巧算规则所需；但运算结果首位数是 0，0 应舍掉。

101. 一位数 a 乘以 9

$a - 1 = Q$ 是前积，

$a\&10 = 10 - a = H$ 是后积。

* 乘数 9 的位数决定被乘数 a 对 10^1 的补是后积。

例1 $8 \times 9 = ?$

解：$a - 1 = 8 - 1 = 7 = Q$

$a\&10 = 8\&10 = 10 - 8 = 2 = H$

或 $9 - Q = 9 - 7 = 2 = H$

$8 \times 9 = QH = 72 = 72$

102. 两位数 ab 乘以 9

（a）当 $b \neq 0$ 时

$\underline{ab} - a - 1 = Q$，$b\&10 = 10 - b = H$

$\underline{ab} \times 9 = QH$

*9 是一位数，它决定被乘数的个位数 b 对 10^1 的补是后积。

例 1 86×9=?

解：86-8-1=77=Q

6&10=10-6=4=H

86×9=QH=774=774

（b）ab 为两位顺序数（即 b=a+1）

10a=Q

b&10=H

ab×9=QH

例如：

12×9=QH=108=108

23×9=QH=207=207

34×9=QH=306=306

45×9=QH=405=405

56×9=QH=504=504

67×9=QH=603=603

78×9=QH=702=702

89×9=QH=801=801

103. 三位数 abc 乘以 9

（a）当 c≠0 时

abc-ab-1=Q

c&10=10-c=H

*9 是一位数，它决定被乘数的个位数 c 对 10^1 的补是后积。

例 1 367×9=?

解：367-36-1=330=Q

7&10=3=H

367×9=QH=3303=3303

例 2 37×81=?

解：37×81=37×9×9=333×9

333-33-1=299=Q，3&10=7=H

37×81=333×9=QH=2997=2997

（b）当 c=0 时

abc-ab=Q 是前积

c=0=H 是后积

例 1 680×9=?

解：680-68=612=Q

c=0=H

680×9=QH=6120=6120

（c）abc 为三位顺序数（即 b=a+1，c=b+1=a+2）

100a+10=Q

c&10=H

abc×9=a(a+1)(a+2)×9=QH

例如：

$123 × 9=QH$

$=(100 × 1+10)7=1107=1107$

$234 × 9=QH$

$=(100 × 2+10)6=2106=2106$

$345 × 9=QH$

$=(100 × 3+10)5=3105=3105$

$456 × 9=4104$

$567 × 9=5103$

$678 × 9=6102$

$789 × 9=7101$

（d）abc 为三位逆序数（即 a-1=b, a-2=c）

$a-1=Q$ 是前积

$Z=88$ 是中积

$(a-2)\&10=H$ 是后积

例1 $321×9=?$

解1：$a-1=3-1=2=Q$ 是前积

$Z=88$ 是中积

$(a-2)\&10=1\&10=9=H$ 是后积

$321 × 9=QZH=2889=2889$

解2：$(a-2)\&10=1\&10=9=H$ 是后积

$11-H=11-9=2=Q$ 是前积

$Z=88$ 是中积

$321 × 9=QZH=2889=2889$

解3：$a × 9=3 × 9=27,\ Q=2$

$11-Q=11-2=9,\ H=9$

$Z=88$

$321 × 9=QZH=2889=2889$

解4：$321-32-1=288=Q$

$1\&10=9=H$

$321 × 9=QH=2889=2889$

例2 $987×9=?$

解1：$a-1=9-1=8=Q$

$Z=88$

$(a-2)\&10=7\&10=3=H$

$987 × 9=QZH=8883=8883$

解2：$(a-2)\&10=7\&10=3=H$

$11-H=11-3=8=Q$

$Z=88$

$987 × 9=QZH=8883=8883$

104. 四位数 abcd 乘以 9

（a）当 d≠0 时

$abcd-abc-1=Q$

d&$10=10-d=$H

例1 $2678 \times 9=?$

解： $\underline{abcd}-\underline{abc}-1$

$=2678-267-1=2410=$Q

d&$10=8$&$10=2=$H

$2678 \times 9=$QH$=24102=24102$

（b） 当 $d=0$ 时

$\underline{abcd}-\underline{abc}=$Q 是前积

$d=0=$H 是后积

例1 $5200 \times 9=?$

解： $d=0=$H

$\underline{abcd}-\underline{abc}=5200-520=4680=$Q

$5200 \times 9=$QH$=46800=46800$

（c） 当 $\underline{abcd}$ 为四位顺序数

$a \times 1000+110=$Q

d&$10=10-d=$H

例如：

$1234 \times 9=$QH$=(\underline{1 \times 1000+110})6$

$=11106=1$**110**6

$2345 \times 9=$QH$=(\underline{2 \times 1000+110})5$

$=21105=2$**110**5

$3456 \times 9=3$**110**4

$4567 \times 9=4$**110**3

$5678 \times 9=5$**110**2

$6789 \times 9=6$**110**1

105.　五位数 $\underline{abcde}$ 乘以 9

（a） 当 $e\neq0$ 时

$\underline{abcde}-\underline{abcd}-1=$Q

e&$10=10-e=$H

例1 $12345 \times 9=?$

解： $12345-1234-1=11110=$Q

5&$10=10-5=5=$H

$12345 \times 9=$QH$=111105=111105$

（b） 当 $e=0$ 时

$\underline{abcde}-\underline{abcd}=$Q 是前积

$e=0=$H 是后积

例1 $61230 \times 9=?$

解： $e=0=$H

计算 Q 时不减 1

$61230-6123=55107=$Q

$61230 \times 9=$QH$=551070=551070$

106. 一位数 a 乘以 99

a−1=Q 是前积（a ≥ 1）

两位数 99 决定 a&10²=100−a

=H=99−Q

例 1 8×99=?

解：a−1=8−1=7=Q

a&10²=8&10²=100−8=92=H

8×99=QH=792=792

例 2 9×99=?

解：a−1=9−1=8=Q

99−8=99−8=91=H

9×99=QH=891=891

107. 两位数 ab 乘以 99

（a）b≠0

ab−1=Q

ab&10²=100−ab=H，H 若是一位
数需在前置 0

例 1 48×99=?

解 1：48−1=47=Q

48&10²=100−48=52=H

48×99=QH=4752=4752

解 2：ab−1=48−1=47=Q

99−Q=99−47=52=H

48×99=QH=4752=4752

例 2 97×99=?

解 1：97−1=96=Q

97&10²=03=H

97×99=QH=9603=9603

解 2：ab−1=97−1=96=Q

99−Q=99−96=03=H

97×99=QH=9603=9603

（b）a+b=10

ab×99 的前积 ab−1=Q 与后积 H
互为互逆数[①]

例 1 37×99=?

解：3+7=10

ab−1=37−1=36=Q

36 的互逆数为 63=H

37×99=QH=3663=3663

————————————

① 互逆数的定义见 29 页。

例2 $91 \times 99 = ?$

解：$91 - 1 = 90 = Q$

90 的互逆数为 $09 = H$

$91 \times 99 = QH = 9009 = 9009$

108. 三位数 $\underline{abc}$ 乘以 99

（a）$\underline{bc} \neq 00$

$\underline{abc} - a - 1 = Q$

99 是两位数，决定 $\underline{bc} \& 10^2$

$= 100 - \underline{bc} = H$

例1 $324 \times 99 = ?$

解：324 的末两位数 24 对 10^2 的补 $76 = H$

$\underline{abc} - a - 1 = 324 - 3 - 1 = 320 = Q$

$324 \times 99 = QH = 32076 = 32076$

例2 $801 \times 99 = ?$

解：$01 \& 100 = 100 - 01 = 99 = H$

$801 - 8 - 1 = 792 = Q$

$801 \times 99 = QH = 79299 = 79299$

例3 $123 \times 495 = ?$

解：$123 \times 495 = 123 \times 5 \times 99$

$= 615 \times 99$

$15 \& 100 = 85 = H$

$615 - 6 - 1 = 608 = Q$

$123 \times 495 = 615 \times 99 = QH$

$= 60885 = 60885$

（b）$\underline{bc} = 00$

$\underline{abc} - a = Q$，$\underline{bc} = 00 = H$

例1 $800 \times 99 = ?$

解：$\underline{abc} - a = 800 - 8 = 792 = Q$

$\underline{bc} = 00 = H$

$800 \times 99 = QH = 79200 = 79200$

（c）三位顺序数 $\underline{abc}$ 乘以 99

$\underline{ab1} = Q$

$\underline{bc} \& 10^2 = H$

例如：

$123 \times 99 = 12\boxed{1}77$

$234 \times 99 = 23\boxed{1}66$

$345 \times 99 = 34\boxed{1}55$

$456 \times 99 = 45\boxed{1}44$

$567 \times 99 = 56\boxed{1}33$

$678 \times 99 = 67\boxed{1}22$

$789 \times 99 = 78\boxed{1}11$

109. 四位数 <u>abcd</u> 乘以 99

（a）<u>cd</u>≠00

<u>abcd</u>−<u>ab</u>−1=Q

<u>cd</u>&10^2=100−<u>cd</u>=H

99 是两位数，决定被乘数的末

两位 <u>cd</u>&10^2=100−<u>cd</u>=H

例1 3579×99=?

解： <u>abcd</u>−<u>ab</u>−1=3579−35−1

=3543=Q

<u>Cd</u>&100=100−79=21=H

3579×99=QH=354321=354321

例2 9004×99=?

解： 9004−90−1=8913=Q

04&100=100−04=96=H

9004×99=QH

=891396=891396

（b）<u>cd</u>=00

<u>abcd</u>−<u>ab</u>=Q，<u>cd</u>=00=H

例1 7800×99=?

解1： 00=H

<u>abcd</u>−<u>ab</u>=7800−78=7722=Q

7800×99=QH=772200=772200

解2： 7800×99=78×99×10^2

7800×99=78×99×10^2=772200

110. 五位数 <u>abcde</u> 乘以 99

（a）<u>de</u>≠00

<u>abcde</u>−<u>abc</u>−1=Q，<u>de</u>&10^2=H

例1 31469×99=?

解： 31469−314−1

=31469−315=31154=Q

69&100=31=H

31469×99=QH=3115431=3115431

（b）<u>de</u>=00

<u>abcde</u>−<u>abc</u>=Q，H=00

例1 70000×99=?

解： 70000−700=69300=Q

H=00

70000×99=QH=6930000=6930000

111. 六位数 <u>abcdef</u> 乘以 99

（a）<u>ef</u>≠00

<u>abcdef</u>−<u>abcd</u>−1=Q，<u>ef</u>&100=H

例 1 200708×99=?

解： 200708−2007−1=198700=Q

08&100=92=H

200708×99=QH

=19870092=19870092

（b）<u>ef</u>=00

<u>abcdef</u>−<u>abcd</u>=Q，H=00

例 1 308000×99=?

解 1： H=00

308000−3080=304920=Q

308000×99=QH=30492000

=30492000

解 2： 308000×99

=3080×99×10^2

80&10^2=20=H

3080−30−1=3049=Q

3080×99×10^2=QH×10^2

=304920×10^2=30492000

112. 一位数 a 乘以 999

a−1=Q。

999 是三位数，决定被乘数的末三位数对 10^3 的补是后积，因此须视 a 为 <u>00a</u>，

<u>00a</u>&10^3=1000−a=H，

H 是三位数。

例 1 6×999=?

解 1： a−1=6−1=5=Q

<u>00a</u>&10^3=6&10^3=1000−6=994=H

或 999−Q=999−5=994=H

6×999=QH=5994=5994

解 2： 6×999=6×111×9

=666×9

6×9=QH=54

666 与 9 的位差：3−1=2，

即 Z=99 是中积

6×999=666×9=QZH=5994=5994

113. 两位数 <u>ab</u> 乘以 999

（a）<u>ab</u>×999 的通解（a≠0）

<u>ab</u>−1=Q，<u>0ab</u>&10^3=1000−<u>ab</u>=H

H 是三位数

999 是三位数，决定被乘数的末

三位数对 10^3 的补是后积。须视 $\underline{ab}$ 为 $\underline{0ab}$。

例 1 $83 \times 999 = ?$

解 1：$83-1=82=Q$

$83 \& 1000 = 999-82 = 917 = H$

或 $999-Q = 999-82 = 917 = H$

$83 \times 999 = QH = 82917 = 82917$

解 2：$83 \times 99 = QH = 8217$

999 与 83 的位差：$3-2=1$

$\boxed{Z}=9$ 是中积

$83 \times 999 = Q\boxed{Z}H = 82\boxed{9}17 = 82917$

（b）$\underline{ab}$ 为两位顺序数

$\underline{ab}-1=Q$，$\underline{0ab} \& 10^3 = H$

例如：

$12 \times 999 = 11\boxed{9}88$

$23 \times 999 = 22\boxed{9}77$

$34 \times 999 = 33\boxed{9}66$

$45 \times 999 = 44\boxed{9}55$

$56 \times 999 = 55\boxed{9}44$

$67 \times 999 = 66\boxed{9}33$

$78 \times 999 = 77\boxed{9}22$

$89 \times 999 = 88\boxed{9}11$

114. 三位数 $\underline{abc}$ 乘以 999

$\underline{abc}-1=Q$，$\underline{abc} \& 10^3 = 999-Q = H$

例 1 $678 \times 999 = ?$

解：$678-1=677=Q$

$678 \& 1000 = 999-677 = 322 = H$

$678 \times 999 = QH = 677322 = 677322$

115. 四位数 $\underline{abcd}$ 乘以 999

（a）$\underline{bcd} \neq 000$

$\underline{abcd}-a-1=Q$，$\underline{bcd} \& 10^3 = H$

H 是三位数

999 是三位数，决定被乘数的末三位数对 10^3 的补是后积。

例 1 $9083 \times 999 = ?$

解：$9083-9-1=9073=Q$

$083 \& 1000 = 1000-83 = 917 = H$

$9083 \times 999 = QH = 9073917 = 9073917$

（b）$\underline{bcd} = 000$

$\underline{abcd}-a=Q$，$H=000$

例1 $6000 \times 999 = ?$

解：$6000-6=5994=Q$

$H=000$

$6000 \times 999=QH=5994993=5994000$

（c）abcd 为四位顺序数

$\underline{abcd}-a-1=Q$，$\underline{bcd}\&10^3=H$

例如：

$1234 \times 999=123\boxed{2}766$

$2345 \times 999=234\boxed{2}655$

$3456 \times 999=345\boxed{2}544$

$4567 \times 999=456\boxed{2}433$

$5678 \times 999=567\boxed{2}322$

$6789 \times 999=678\boxed{2}211$

116.　五位数 abcde 乘以 999

（a）$\underline{cde}\neq000$

$\underline{abcde}-\underline{ab}-1=Q$

$\underline{cde}\&10^3=1000-\underline{cde}=H$

例1 $57002\times999=?$

解：$57002-57-1=56944=Q$

$002\&1000=998=H$

$57002 \times 999=QH=56944998$

$=56944998$

（b）$\underline{cde}=000$

$\underline{abcde}-\underline{ab}=Q$，$H=000$

例1 $86000 \times 999 = ?$

解：$H=000$

$86000-86=85914=Q$

$86000 \times 999=QH=85914000$

$=85914000$

117.　六位数 abcdef 乘以 999

（a）$\underline{def}\neq000$

$\underline{abcdef}-\underline{abc}-1=Q$，$\underline{def}\&10^3=H$

例1 $800006 \times 999 = ?$

解：$800006-800-1=799205=Q$

$006\&1000=1000-6=994=H$

$800006 \times 999=QH=799205994$

$=799205994$

（b）$\underline{def}=000$

$\underline{abcdef}-\underline{abc}=Q$，$H=000$

例 1 $823000 \times 999 = ?$

解：$Q = 823000 - 823 = 822177$

$H = 000$

$823000 \times 999 = QH = 822177000$

$= 822177000$

118. 一位数 a 乘以 9999

$a - 1 = Q$

9999 是 4 位数，所以 $\underline{000a} \& 10^4$

$= 10000 - a = H = 9999 - Q$

H 是四位数

例 1 $7 \times 9999 = ?$

解 1：$a - 1 = 7 - 1 = 6 = Q$

$0007 \& 10^4 = 10000 - 7 = 9993$

$= H = 9999 - 6$

$7 \times 9999 = QH = 69993 = 69993$

解 2：$7 \times 9 = QH = 63$

9999 与 7 的位差为 3，即 $\boxed{Z} = 999$

$7 \times 9999 = QZH = 6\underline{999}3 = 69993$

119. 两位数 ab 乘以 9999

（a）$\underline{ab} \times 9999$ 的通解

$\underline{ab} - 1 = Q$

$\underline{ab} \& 10^4 = 10000 - \underline{ab} = H = 9999 - Q$

例 1 $57 \times 9999 = ?$

解 1：$57 - 1 = 56 = Q$

$57 \& 10^4 = 10000 - 57 = 9943$

$= H = 9999 - 56 = 9943$

$57 \times 9999 = QH = 569943 = 569943$

解 2：$57 \times 99 = QH = 5643$

原式两个因数的位差为 2，

即 $\boxed{Z} = 99$

$57 \times 9999 = QZH = 56\underline{99}43 = 569943$

（b）两位顺序数 $\underline{a(a+1)}$

例如：

$12 \times 9999 = 11\underline{99}88$

$23 \times 9999 = 22\underline{99}77$

$34 \times 9999 = 33\underline{99}66$

$45 \times 9999 = 44\underline{99}55$

$56 \times 9999 = 55\underline{99}44$

$67 \times 9999 = 66\underline{99}33$

$78 \times 9999 = 77\underline{99}22$

$89 \times 9999 = 88\underline{99}11$

120. 三位数 abc 乘以 9999

$\underline{abc} - 1 = Q$

$\underline{abc} \& 10^4 = 10000 - \underline{abc} = H = 9999 - Q$

例 1 $982 \times 9999 = ?$

解：$\underline{abc} - 1 = 982 - 1 = 981 = Q$

$982 \& 10^4 = 10000 - 982 = 9018$

$= H = 9999 - Q = 9999 - 981$

$982 \times 9999 = QH = 981\ 9018 = 9819018$

例 2 $9999 \times 999 = ?$

解 1：$9999 \times 999 = 999 \times 9999$

$999 - 1 = 998 = Q$

$999 \& 10^4 = 10000 - 999 = 9001$

$= H = 9999 - 998$

$9999 \times 999 = 9989001$

解 2：$999 \times 999 = 998001$

9999 与 999 的位差为 1，即 $Z = 9$

$9999 \times 999 = 999 \times 9999$

$= QZH = 998\ 9\ 001 = 9989001$

121. 四位数 abcd 乘以 9999

$\underline{abcd} - 1 = Q$

$\underline{abcd} \& 10^4 = 10000 - \underline{abcd} = H = 9999 - Q$

例 1 $6009 \times 9999 = ?$

解：$6009 - 1 = 6008 = Q$

$6009 \& 10^4 = 10000 - 6009 = 3991$

$= H = 9999 - 6008$

$6009 \times 999 = QH = 60083991$

$= 60083991$

122. 五位数 abcde 乘以 9999

（a）$\underline{bcde} \neq 0000$

$\underline{abcde} - a - 1 = Q$

$\underline{bcde} \& 10^4 = 1000 - \underline{bcde} = H$

例 1 $20005 \times 9999 = ?$

$\underline{abcde} - a - 1 = 20005 - 2 - 1 = 20002 = Q$

$0005 \& 10^4 = 10000 - 5 = 9995 = H$

$20005 \times 9999 = QH = 200029995$

$= 200029995$

（b）$\underline{bcde} = 0000$

$\underline{abcde} - a = Q$，$H = 0000$

例 1 $50000 \times 9999 = ?$

$Q = 50000 - 5 = 49995$

$H = 0000$

$50000 \times 9999 = QH = 499950000$
$= 499950000$

123. 六位数 abcdef 乘以 9999

（a） $\underline{cdef} \neq 0000$

$\underline{abcdef} - \underline{ab} - 1 = Q$

$\underline{cdef} \& 10^4 = H$

例1 $123456 \times 9999 = ?$

解： $\underline{abcdef} - \underline{ab} - 1$
$= 123456 - 12 - 1 = 123443 = Q$

$\underline{cdef} \& 10^4 = 3456 \& 10^4 = 6544 = H$

$123456 \times 9999 = QH$
$= 1234436544 = 1234436544$

（b） $\underline{cdef} = 0000$

$\underline{abcdef} - \underline{ab} = Q$ ， $H = 0000$

例1 $230000 \times 9999 = ?$

解： $Q = 230000 - 23 = 229977$
$H = 0000$
$230000 \times 9999 = QH = 2299770000$
$= 2299770000$

124. 一位数 a 乘以 99999

$a - 1 = Q$

$a \& 10^5 = 100000 - a = H = 99999 - Q$

例1 $6 \times 99999 = ?$

解1： $a - 1 = 6 - 1 = 5 = Q$

$6 \& 10^5 = 100000 - 6 = 99994$
$= H = 99999 - 5$

$6 \times 99999 = QH = 599994 = 599994$

解2： $6 \times 9 = QH = 54$

99999 与 6 的位差为 4，即 $\boxed{Z} = 9999$

$6 \times 99999 = Q\boxed{Z}H = 5\boxed{9999}4 = 599994$

125. 两位数 ab 乘以 99999

$\underline{ab} - 1 = Q$

$\underline{ab} \& 10^5 = 100000 - \underline{ab} = H = 99999 - Q$

例1 $72 \times 99999 = 72 \times 9(4)9 = ?$

解1： $\underline{ab} - 1 = 72 - 1 = 71 = Q$

$72 \& 10^5 = 100000 - 72 = 99928$
$= H = 99999 - 71$

$72 \times 9_{(4)}9 = QH = 7199928 = 7199928$

解2：$72 \times 99 = QH = 7128$

99999 与 72 的位差是 3 即 $Z=999$

$72 \times 99999 = QZH = 71\boxed{999}28 = 7199928$

126.　三位数 abc 乘以 99999

$\underline{abc} - 1 = Q$

$\underline{abc} \& 10^5 = 100000 - \underline{abc} = H = 99999 - Q$

例1　$988 \times 99999 = ?$

解1：$988 - 1 = 987 = Q$

$988 \& 10^5 = 100000 - 988 = 99012$

$= H = 99999 - 987$

$988 \times 9_{(4)}9 = QH = 98799012 = 98799012$

解2：$988 \times 999 = QH = 987012$

99999 与 988 位差为 2，即 $Z=99$

$988 \times 99999 = QZH$

$= 987\boxed{99}012 = 98799012$

127.　四位数 abcd 乘以 99999

$\underline{abcd} - 1 = Q$

$\underline{abcd} \& 10^5 = 100000 - \underline{abcd} = H = 99999 - Q$

例1　9002×99999

$= 9002 \times 9_{(4)}9 = ?$

解1：$\underline{abcd} - 1 = 9002 - 1 = 9001 = Q$

$9002 \& 10^5 = 100000 - 9002 = 90998$

$= H = 99999 - 9001$

$9002 \times 9_{(4)}9 = QH = 900190998$

$= 900190998$

解2：$9002 \times 9999 = QH = 90010998$

99999 与 9002 的位差为 1，

即 $Z=9$

$9002 \times 99999 = QZH = 9001\boxed{9}0998$

$= 900190998$

128.　五位数 abcde 乘以 99999

$\underline{abcde} - 1 = Q$

$\underline{abcde} \& 10^5 = 100000 - \underline{abcde} = H = 99999 - Q$

例1　$98762 \times 99999 = ?$

解：$98762 - 1 = 98761 = Q$

$98762 \& 10^5 = 100000 - 98762$

$= 01238 = H = 99999 - 98761$

$98762 \times 9_{(4)}9 = QH = 9876101238$

$= 9876101238$

129. 六位数 $\underline{abcdef}$ 乘以 99999

（a）$\underline{bcdef} \neq 00000$

$\underline{abcdef} - a - 1 = Q$，$\underline{bcdef} \& 10^5 = H$

例1 $400532 \times 99999 = ?$

解：$\underline{abcdef} - a - 1 = 400532 - 4 - 1$

$= 400527 = Q$

$00532 \& 10^5 = 100000 - 532 = 99468 = H$

$400532 \times 99999 = QH = 40052799468$

$= 40052799468$

（b）$\underline{bcdef} = 00000$

$\underline{abcdef} - a = Q$，$H = 00000$

例1 $600000 \times 99999 = ?$

解：$600000 - 6 = 599994 = Q$

$H = 00000$

$600000 \times 99999 = QH = 59999400000$

$= 59999400000$

130. 实例总结某数乘以 $9_{(n)}9$

$9_{(n)}9$ 的位数 $(n+1)$ 决定被乘数的

末 $(n+1)$ 位数对 10^{n+1} 求补是 H；$9_{(n)}9$ 的位数 $(n+1)$ 亦是后积 H 的位数。

（a）被乘数 $\underline{VW}$ 位数大于乘数 $9_{(n)}9$ 的位数 $n+1$，取 W 的位数为 $n+1$

当 $\underline{W} \neq 0_{(n)}0$ 时

$W \& 10^{n+1} = H$ 是后积

$\underline{VW} - V - 1 = Q$ 是前积

当 $\underline{W} = 0_{(n)}0$ 时

$\underline{VW} - V = Q$ 是前积

$H = 0_{(n)}0$ 是后积

例1 $762 \times 9 = ?$

解：因为乘数 9 是一位数

故取 W=2，V=76

$W \& 10 = 2 \& 10 = 8 = H$，

H 是一位数

$\underline{VW} - V - 1 = 762 - 76 - 1 = 685 = Q$

$762 \times 9 = QH = 6858 = 6858$

例2 $1234 \times 99 = ?$

解：乘数 99 是两位数，

故取 W=34，V=12

$W \& 10^2 = 34 \& 10^2 = 66 = H$，

H 是两位数

$\underline{VW}-V-1=1234-12-1=1221=Q$

$1234 \times 99=QH=122166=122166$

例 3 $123456 \times 999=?$

解： 乘数 999 是三位数，

故取 $W=456$，$V=123$

$W\&10^3=456\&10^3=544=H$，

H 是三位数

$\underline{VW}-V-1=123456-123-1=123332=Q$

$123456 \times 999=QH$

$=123332544=123332544$

例 4 $123456 \times 9999=?$

解： 乘数 9999 是四位数，

故取 $W=3456$，$V=12$

$W\&10^4=3456\&10^4=6544=H$，

H 是四位数

$\underline{VW}-V-1=123456-12-1=123443=Q$

$123456 \times 9999=QH$

$=1234436544=1234436544$

（b） 被乘数 W 的位数等于乘数

$9_{(n)}9$ 的位数 $n+1$

$W-1=Q$

$W\&10^{n+1}=H$，H 是 $(n+1)$ 位数

或 $9_{(n)}9-Q=H$

例 1 $W \times 99=98 \times 99=?$

解： $W-1=98-1=97=Q$

$W\&10^2=98\&10^2=02=H$

或 $99-Q=99-97=H$

$98 \times 99=QH=9702=9702$

例 2 $986 \times 999=?$

解： $W-1=986-1=985=Q$

$W\&10^3=986\&10^3=014=H$

或 $999-Q=999-985=014=H$

$986 \times 999=QH=985014=985014$

例 3 $1357 \times 9999=?$

解： $1357-1=1356=Q$

$1357\&10^4=9999-1356=8643=H$

或 $9999-Q=9999-1356=8643=H$

$1357 \times 999=QH=13568643$

$=13568643$

例 4 $10063 \times 99999=?$

解： $10063-1=10062=Q$

$10063\&10^5=9999-10062=89937=H$

或 $99999-Q=99999-10062$

$=89937=H$

$10063 \times 99999 = QH = 1006289937$

$= 1006289937$

*W、$9_{(n)}9$、Q、H 的位数都是 n+1

（c）被乘数 W 的位数小于乘数 $9_{(n)}9$ 的位数

$W - 1 = Q$

$W \& 10^{n+1} = H = 9_{(n)}9 - Q$

例1 $86 \times 99999 = ?$

解1：$86 - 1 = 85 = Q$

$00086 \& 10^5 = 99999 - 00085$

$= 99914 = H$

$86 \times 9_{(4)}9 = QH = 8599914 = 8599914$

解2：$86 \times 99 = QH = 8514$

$9_{(4)}9$ 与 86 的位差为 3，则 $\boxed{Z = 999}$

$86 \times 99999 = Q\boxed{Z}H = 85\boxed{999}14$

$= 8599914$

例2 9999×999999

$= 9_{(3)}9 \times 9_{(5)}9 = ?$

解1：$9999 - 1 = 9998 = Q$

$999999 - Q = 999999 - 9998$

$= 990001 = H$

$9_{(3)}9 \times 9_{(5)}9 = QH = 9998990001$

$= 9998990001$

解2：$9999 - 1 = 9998 = Q$

$9999 \& 10^4 = 0001 = H$

$9999 \times 9999 = QH = 99980001$

$9_{(3)}9$ 与 $9_{(5)}9$ 的位差为 2，则 $\boxed{Z = 99}$

$9999 \times 999999 = Q\boxed{Z}H$

$= 9998\boxed{99}0001 = 9998990001$

131. $a_{(n)}a \times 9_{(m)}9 = a_{(m)}a \times 9_{(n)}9$

证明：$a_{(n)}a \times 9_{(m)}9$

$= a \times 1_{(n)}1 \times 9 \times 1_{(m)}1$

$= a \times 1_{(m)}1 \times 9 \times 1_{(n)}1$

$= a_{(m)}a \times 9_{(n)}9$

（a）被乘数 $a_{(n)}a$ 的位数大于乘数 $9_{(m)}9$ 的位数

$a_{(n)}a \times 9_{(m)}9 = a_{(m)}a \times 9_{(n)}9$

$n > m \geqslant 0$

$a_{(m)}a \times 9_{(m)}9 = QH$

$a_{(m)}a$ 与 $9_{(n)}9$ 二者位差为：

$(n+1) - (m+1) = n - m$，

则 $\boxed{9(n-m-1)9} = \boxed{Z}$ 是中积

$a_{(n)}a \times 9_{(m)}9 = a_{(m)}a \times 9_{(n)}9 = Q\boxed{Z}H$

24

例1 $77 \times 9 = ?$

解1： $77 \times 9 = 7 \times 11 \times 9 = 7 \times 99$

$7 \times 9 = 63 = QH$

99 与 7 的位差为 1，则 $Z=9$

$77 \times 9 = 7 \times 99 = QZH = 6\underline{9}3 = 693$

解2： $77 \times 9 = 7 \times 11 \times 9 = 7 \times 99$

$7 - 1 = 6 = Q$

$07 \& 100 = 93 = H = 99 - 6$

$77 \times 9 = 7 \times 99 = QH = 693 = 693$

例2 $333 \times 99 = ?$

解1： $333 \times 99 = 33 \times 999$

$33 \times 99 = QH = 3267 = 3267$

999 与 33 的位差为 1，则 $Z=9$

$333 \times 99 = 33 \times 999 = QZH = 32\underline{9}67$
$= 32967$

解2： $333 \times 99 = 33 \times 999$

$33 - 1 = 32 = Q$

$33 \& 10^3 = 967 = H = 999 - 32$

$333 \times 99 = 33 \times 999 = QH = 32967$
$= 32967$

例3 $222222 \times 9999 = ?$

解1： 222222×9999

$= 2222 \times 999999$

$2222 \times 9999 = QH = 22217778$

$9_{(5)}9$ 与 $2_{(3)}2$ 的位差为 2，则 $Z=99$

$2_{(5)}2 \times 9_{(3)}9 = 2_{(3)}2 \times 9_{(5)}9$

$= QZH = 2221\underline{99}7778 = 2221997778$

解2： 原式 $= 2222 \times 999999$

$2222 - 1 = 2221 = Q$

$999999 - 2221 = 997778 = H$

原式 $= 2222 \times 999999$

$= QH = 2221997778 = 2221997778$

(b) 被乘数 $a_{(m)}a$ 的位数小于乘数 $9_{(n)}9$ 的位数

$a_{(m)}a - 1 = Q$，$9_{(n)}9 - Q = H$

$a_{(m)}a \times 9_{(n)}9 = QH$

例1 $88 \times 9999 = ?$

解1： $88 - 1 = 87 = Q$

$9999 - Q = 9999 - 87 = 9912 = H$

$88 \times 9999 = QH = 879912 = 879912$

解2： $88 \times 99 = 8712 = QH$

88 与 9999 的位差是 2，$Z=99$

$88 \times 9999 = QZH = 87\underline{99}12 = 879912$

例2 $666 \times 9999 = ?$

解1: $666 - 1 = 665 = Q$

$9999 - Q = 9999 - 665 = 9334 = H$

$666 \times 9999 = QH = 6659334 = 6659334$

解2: $666 \times 999 = 665334 = QH$

9999 与 666 的位差是1, $Z=9$

$666 \times 9999 = QZH = 6659334 = 6659334$

132 巧算 $9_{(n)}9^2$（$1 \leqslant n \leqslant 4$）

$9^2 = 9 \times 9 = 81$，在8前置n位9，在8后置n位0，即是 $9_{(n)}9^2$ 的值。

例1 $99^2 = 9_{(1)}9^2 = ?$

解1: $9^2 = 81$

因为 n=1，所以 $9_{(1)}9^2 = 99^2$
$= 9801 = 9801$

解2: $99 - 1 = 98 = Q$

$99 \& 10^2 = 01 = H = 99 - 98$

$99^2 = QH = 9801 = 9801$

例2 $999^2 = 9_{(2)}9^2 = ?$

解1: $9^2 = 81$

因为 n=2，所以 $9_{(2)}9^2 = 999^2$
$= 9_{(2)}9^2 = 998001 = 998001$

解2: $999 - 1 = 998 = Q$

$999 \& 10^3 = 001 = H = 999 - 998$

$999^2 = QH = 998001 = 998001$

例3 $9999^2 = 9_{(3)}9^2 = ?$

解1: $9^2 = 81$

n=3, $9_{(3)}9^2 = 99980001 = 99980001$

解2: $9999 - 1 = 9998 = Q$

$9999 \& 10^4 = 0001 = H = 9999 - 9998$

$9999^2 = QH = 99980001 = 99980001$

例4 $9_{(4)}9^2 = ?$

解1: $9^2 = 81$

$9_{(4)}9^2 = 9999800001 = 9999800001$

解2: $99999 - 1 = 99998 = Q$

$99999 - Q = 99999 - 99998 = 00001 = H$

$99999^2 = QH = 9999800001$
$= 9999800001$

* 记住 $99^2 = 9801$，可知 999^2、9999^2、99999^2 的值

133. 巧算 $9_{(n)}9^3$

将 $9^3=9^2 \times 9=81 \times 9=729$ 从左向右每两位划为一段，得 72 一完整段，余下 9 自成一非完整段。在完整段的首数 7 前置 n 位 9，后面置 n 位 0；只在非完整段 9 前置 n 位 9，即得 $9_{(n)}9^3$ 的值。

例 1 $99^3=9_{(1)}9^3=?$

解： $9^3=729$

因为 n=1，所以 $99^3=$ 97 02 99 =970299

例 2 $999^3=9_{(2)}9^3=?$

解： $9^3=729$

n=2，$999^3=$ 997 002 999 =997002999

例 3 $9999^3=9_{(3)}9^3=?$

解： $9^3=729$

n=3，$9999^3=9_{(3)}9^3=$ 9997 0002 9999
=999700029999

134. 巧算 $9_{(n)}9^4$

将 $9^4=9^3 \times 9=729 \times 9=6561$ 从 左

向右每两位划为一段，得 65、61 两完整段。

在两完整段的首数 6、6 前面置 n 位 9，后面置 n 位 0，即得 $9_{(n)}9^4$ 的值。

例 1 $99^4=9_{(1)}9^4=?$

解： $9^4=6561$

因为 n=1 所以 $99^4=$ 9 60 59 60 1
=96059601

例 2 $999^4=9_{(2)}9^4=?$

解： $9^4=6561$

n=2，$999^4=$ 99 6005 99 600 1
=996005996001

例 3 $9999^4=9_{(3)}9^4=?$

解： $9^4=6561$

n=3，$9999^4=$ 999 6000 5999 6000 1
=9996000599960001

135. 巧算 $9_{(n)}9^5$

将 $9^5=9^4 \times 9=6561 \times 9=59049$ 从

左向右每两位划为一段，得 59、
04 两完整段，余下 9 为一非完
整段。在两完整段的首数 5、0
前置 n 位 9，后置 n 位 0；只在
非完整段 9 前置 n 位 9，即得
$9_{(n)}9^5$ 的值。

例 1 $99^5=9_{(1)}9^5=?$

解：$9^5=59049$

n=1，所以 $99^5=$ 9509 9004 99
=9509900499

例 2 $999^5=9_{(2)}9^5=?$

解：$9^5=59049$

n=2，$999^5=$ 995009990004999
=995009990004999

第二章 互逆数相减

定义：称 $\underline{ab}$ 与 $\underline{ba}$、$\underline{abc}$ 与 $\underline{cba}$ 等为"互逆数"。

201. 两位互逆数相减

$\underline{ab}-\underline{ba}=(a-b)\times 9$

例1 97−79=?

解：97−79=(9−7)×9=2×9=18

例2 38−83=?

解：38−83=(3−8)×9=−5×9=−45

例3 90−09=?

解：(9−0)×9=9×9=81

趣题1：两个不含0的两位数互逆，各自都加（减）11，在无进（借）位的情况下，其和（差）仍是互逆数。

例 如：$\boxed{78}$+11=89 与 $\boxed{87}$+11=98；$\boxed{78}$−11=67 与 $\boxed{87}$−11=76。

202. 三位互逆数相减

$\underline{abc}-\underline{cba}=(a-c)\times 99$

例1 845−548=?

解：845−548

=(8−5)×99=297

例2 618−816=?

解：618−816

=(6−8)×99=−198

203. 四位互逆数相减

（a） b≠c

abcd－dcba

=(a−d)×999+(b−c)×90

例 1 9547−7459=?

解：9547−7459

=(9−7)×999+(5−4)×90

=1998+90=2088

例 2 2319−9132=?

解：2319−9132

=(2−9)×999+(3−1)×90

=−6993+180=−6813

（b） b=c

abbd－dbba=(a−d)×999

例 1 8442−2448= ?

解：8442−2448=(8−2)×999

=6×999=5994

例 2 1009−9001=?

解：1009−9001=(1−9)×999

=−8×999=−7992

204. 首尾互调的四位数相减

abcd－dbca=(a−d)×999

例 1 9547−7549=?

解：9547−7549=(9−7)×999=1998

例 2 1348−8341=?

解：1348−8341=(1−8)×999

=−6993

205. 五位互逆数相减

（a） b≠d

abcde－edcba

=(a−e)×9999+(b−d)×990

例 1 54321−12345=?

解：(5−1)×9999+(4−2)×990

=39996+1980=41976

例2 71568－86517=?

解： $(7-8)\times 9999+(1-6)\times 990$

$=-9999-4950=-14949$

例3 84328－82348=?

解： $(8-8)\times 9999+(4-2)\times 990$

$=1980$

例4 75010－01057=?

解： $(7-0)\times 9999+(5-1)\times 990$

$=69993+3960=73953$

（b）b=d

abcde－edcba =$(a-e)\times 9999$

例1 68981－18986=?

解： 68981－18986=$(6-1)\times 9999$

$=49995$

例2 75059－95057=?

解： 75059－95057=$(7-9)\times 9999$

$=-19998$

206. 首尾互换的五位数相减

abcde－ebcda =$(a-e)\times 9999$

例1 98754－48759=?

解： 98754－48759=$(9-4)\times 9999$

$=49995$

例2 21258－81252=?

解： 21258－81252=$(2-8)\times 9999$

$=-59994$

207. 总结a、b、c、d、e互不相等

1. ab－ba=$(a-b)\times 9$

2. abc－cba=$(a-c)\times 99$

3. abcd－dcba

$=(a-d)\times 999+(b-c)\times 90$

4. abcde－edcba

$=(a-e)\times 9999+(b-d)\times 990$

第三章　顺序数乘以特殊的两位数 VW

约定1：按自然数顺序排列的数叫顺序数，例如 12、345 等。

约定2：a、b 皆为一位数且 a+1=b 称 $\underline{ab}$ 是顺序数。

约定3：$\underline{VW}$ 是两位整数，且 $V+W=9$，$V \times W \neq 0$。

301.　两位顺序数 $\underline{ab} \times \underline{VW}$

$a(V+1)=Q$

$(10-b)(V+1)=H$，H 是两位数

例1 $12 \times 36=?$

解1：a=1，b=2

$V=3$，$V+1=3+1=4$

$a(V+1)=1 \times 4=4=Q$

$(10-b)(V+1)=(10-2) \times 4$

$=8 \times 4=32=H$

$12 \times 36=QH=432=432$

解2：$12 \times 36=12 \times 4 \times 9$

$=48 \times 9=QH=432=432$

例2 $89 \times 63=?$

解1：a=8，b=9

$V=6$，$V+1=6+1=7$

$a(V+1)=8 \times 7=56=Q$

$(10-b)(V+1)=1 \times 7=07=H$

$89 \times 63=QH=5607=5607$

解2：$89 \times 63=89 \times 7 \times 9$

$=623 \times 9=5607=5607$

例3 $78 \times 27=?$

解1：a=7，b=8

V=2，V+1=2+1=3

a(V+1)=7×3=21=Q

(10-8)(V+1)=2×3=06=H

78×27=QH=2106=2106

解2：78×27=78×3×9=234×9

=2106=2106

302. 确定两个因数乘积的位数

89×63=5607，89、63 皆 是 因数；5是全积5607的首位数，5小于因数63的首位数6，89×63的全积是4位数。

36×23=828，36、23皆是因数；8是全积828的首位数，8大于36的首位数3，36×32的全积是3位数。

12×14=168，12、14皆是因数；1是全积168的首位数，等因数的首位数1，但168的第2位数6大于14第2位数4，12×14的全积是3位数。

98×96=9408，98、96皆是因数；9是全积9408的首位数，等于因数的首位数9，但4小于6，98×96是4位数，前积的首

位数亦是全积的首位数。

* 全积的首位数小于因数的首位数，则全积的位数等于两个因数的位数和。

* 全积的首数大于因数的首数，则全积的位数等于两个因数的位数和减1。

* 全积的首数等于因数的首数，则比较它们的第二位数的大小。

303. 三位顺序数 abc 乘以 VW

a(V+1)=Q，(10-c)(V+1)=H，H是两位数。

全积的位数减前、后积位数和，差是Z位数，

Z的每一位数皆是V+1。

例1 123×63=?

解1：a=1，c=3，10-c=7

V=6，V+1=6+1=7

a(V+1)=1×7=7=Q

(10-c)(V+1)=7×7=49=H

H是两位数

因为Q首数7大于63的首数6，

所以全积是 4 位数；

前积的位数为 $\boxed{1}$，后积的位数为

$\boxed{2}$，$\boxed{1}+\boxed{2}=3$

$4-3=1$ 是 $\boxed{Z}$ 的位数，$\boxed{Z}=V+1=\boxed{7}$

$123 \times 63=Q\boxed{Z}H=7\boxed{7}49=7749$

解 2：$a(V+1)=Q$

$(10-c)(V+1)=H$，H 是两位数

被乘数位数减乘数位数，差是 $\boxed{Z}$

位数，$\boxed{Z}$ 的每一位数皆是 $V+1$

$a=1$，$c=3$，$10-c=7$

$V=6$，$V+1=6+1=7$

$a(V+1)=1 \times 7=\boxed{7}=Q$

$(10-c)(V+1)=7 \times 7=49=H$

H 是两位数

123 的位数是 $\boxed{3}$，63 的位数是 $\boxed{2}$

$\boxed{3}-\boxed{2}=1$ 位数是 $\boxed{Z}$ 的位数，$\boxed{Z}=\boxed{7}$

$123 \times 63=Q\boxed{Z}H=7\boxed{7}49=7749$

解 3：$123 \times 63=123 \times 7 \times 9$

$=861 \times 9=7749=7749$

例 2 $789 \times 72=?$

解 1：$a=7$，$c=9$，$10-c=1$

$V=7$，$V+1=7+1=8=W\&10$

$a(V+1)=7 \times 8=56=Q$

（$10-c$）$\times (V+1)=1 \times 8=08=H$

H 恒定是两位数

$Q=56$ 的首数 5 小于 72 的首数

7，全积是 5 位数；

$5-(2+2)=1$ 是 $\boxed{Z}$ 的位数，$\boxed{Z}=V+1=8$

$789 \times 72=Q\boxed{Z}H=56\boxed{8}08=56808$

解 2：$a=7$，$c=9$，$10-c=1$

$V=7$，$V+1=7+1=8=W\&10$

$a(V+1)=7 \times 8=56=Q$

$(10-c) \times (V+1)=1 \times 8$

$=08=H$

H 是两位数

789 的位数是 $\boxed{3}$，72 的位数是 $\boxed{2}$

$\boxed{3}-\boxed{2}=1$ 位数是 $\boxed{Z}$ 的位数，$\boxed{Z}=\boxed{8}$

$789 \times 72=Q\boxed{Z}H=56\boxed{8}08=56808$

解 3：$789 \times 8 \times 9=6312 \times 9$

$=56808=56808$

---

304. 四位顺序数 abcd 乘以 VW

$a(V+1)=Q$，$(10-d)(V+1)=H$，

H 是两位数；

全积的位数减前、后积位数和，

差是 $\boxed{Z}$ 的位数。

$\boxed{Z}$ 的每一位数是 $V+1$。

例1 5678×27=?

解1： a=5，d=8，10−d=2

V=2，V+1=W&10=3

a(V+1)=5×3=15=Q

(10−d)(V+1)=2×3=06=H

Q=15 的首数 1 小于 27 的首数

2，全积是 6 位数

6−(2+2)=2 是 Z 的位数

Z=(V+1)(V+1)=33

5678×27=QZH=15**33**06=153306

解2： a=5，d=8，10−d=2

V=2，V+1=W&10=3

a(V+1)=5×3=15=Q

(10−d)(V+1)=2×3=06=H

5678 的位数是 4

27 的位数是 2

4−2=2 位数是 Z 的位数，Z=33

5678×27=QZH=15**33**06=153306

解3： 5678×27=5678×3×9

=17034×9=153306=153306

305. 五位顺序数 abcde 乘以 VW

a(V+1)=Q，(10−e)(V+1)=H，H 是

两位数；

全积的位数减前、后积位数和，

差是 Z 的位数。

Z 的每一位皆是 V+1。

例1 34567×54=？

解1： a=3，e=7，10−e=3

V=5，V+1=W&10=6

a(V+1)=3×6=18=Q

(10−e)(V+1)=3×6=18=H

Q=18 的首数 1 小于 34567 的首

数 3，全积是 7 位数

7−(2+2)=3 是 Z 位数，Z=666

34567×54=QZH=18**666**18

=1866618

解2： 34567×54=？

a=3，e=7，10−e=3

V=5，V+1=W&10=6

a(V+1)=3×6=18=Q

(10−e)(V+1)=3×6=18=H

34567 的位数是 5

54 的位数是 2

5−2=3 是 Z 位数，Z=666

34567×54=QZH=18**666**18=1866618

解3： 34567×54=34567×6×9

=207402×9=1866618

306. 六位顺序数 abcdef 乘以 VW

$a(V+1)=Q$，$(10-f)(V+1)=H$，
H 是两位数；
全积的位数减前、后积位数和，
差是 Z 的位数。
Z 的每一位皆是 $V+1$。

例1 $456789 \times 36=?$

解1：$a=4$，$f=9$，$10-f=1$
$V=3$，$V+1=4$ 为 Z 的每一位数
$a(V+1)=4 \times 4=16=Q$
$(10-f)(V+1)=1 \times 4=04=H$
$Q=16$ 的首数 1 小于 36 的首数 3，全积是 8 位数
$8-(2+2)=4$ 是 Z 的位数，Z=4444
$456789 \times 36=QZH=16\overline{4444}04$
$=16444404$

解2：$a(V+1)=Q$，
$(10-f)(V+1)=H$，
H 恒定是两位数；
被乘数的位数减乘数的位数，
差是 Z 的位数。
$a=4$，$f=9$，$10-f=1$
$V=3$，$V+1=4$ 为 Z 的每一位数
$a(V+1)=4 \times 4=16=Q$
$(10-f)(V+1)=1 \times 4=04=H$
456789 是 6 位数，36 是 2 位数

$6-2=4$ 是 Z 的位数，Z=4444
$456789 \times 36=QZH=16\overline{4444}04$
$=16444404$

307. 七位顺序数 abcdefg 乘以 VW

$a(V+1)=Q$，$(10-g)(V+1)=H$，
H 恒定是两位数；
被乘数的位数减乘数的位数，
差是 Z 的位数。
Z 的每一位皆是 $V+1$。

例1 $3456789 \times 81=?$

解1：$a=3$，$g=9$，$10-g=1$
$V=8$，$V+1=9$ 为 Z 的每一位数
$a(V+1)=3 \times 9=27=Q$
$(10-g)(V+1)=1 \times 9=09=H$
3456789 是 7 位数，81 是 2 位数
$7-2=5$ 是 Z 的位数，Z=99999
$3456789 \times 81=QZH=27\overline{99999}09$
$=279999909$

解2：456789×81
$=3456789 \times 9 \times 9=31111101 \times 9$
$=279999909$

*更多位顺序数乘以 VW 以此类推。

401.　两位数的平方

（a） $24 \geqslant \underline{ab} \geqslant 21$，求 $\underline{ab}^2$

$b^2=jH$，末位数是 H，j 进位

$a(\underline{ab}+b)+j=Q$

例 1 $21^2=21 \times 21=?$

解 1：a=2，b=1

$b^2=1 \times 1=1=H$

$a(\underline{ab}+b)=2(21+1)=2 \times 22=44=Q$

$21^2=21 \times 21=QH=441=441$

解 2：$\underline{ab}^2=(\underline{ab}-b)(\underline{ab}+b)+b^2$

$21^2=(21-1)(21+1)+1^2$

$=20 \times 22+1=440+1=441$

例 2 $22^2=22 \times 22=?$

解 1：a=2，b=2

$b^2=2 \times 2=4=H$

$a(\underline{ab}+b)=2(22+2)=2 \times 24=48=Q$

$22^2=22 \times 22=QH=484=484$

解 2：$22^2=(22-2)(22+2)+2^2$

$=20 \times 24+4=480+4=484$

例 3 $23^2=23 \times 23=?$

解 1：a=2，b=3

$b^2=3 \times 3=9=H$

$a(\underline{ab}+b)=2(23+3)=2 \times 26=52=Q$

$23^2=23 \times 23=QH=529=529$

解 2：$23^2=(23-3)(23+3)+3^2$

$=20 \times 26+9=520+9=529$

例 4 $24^2=24 \times 24=?$

解 1：a=2，b=4

$b^2=4 \times 4=16=jH$，H=6，j=1 进位

$a(\underline{ab}+b)+j=2(24+4)+1=57=Q$

$24^2=24 \times 24=QH=576=576$

解 2：$24^2=(24-4)(24+4)+4^2$

$=20 \times 28+16=576$

（b）$50>\underline{ab} \geqslant 26$，$b\neq0$ 且 5

$\underline{ab}+\underline{cd}=50$ 即 $\underline{cd}=50-\underline{ab}$

$\underline{cd}^2=jH$ 的末两位数是 H，j 进位

$25-\underline{cd}+j=Q=(\underline{ab}-\underline{cd})\div2+j$

$=\underline{ab}-25+j$

$\underline{ab}^2=QH$

例 1 $27^2=27\times27=?$

解 1 : $50-27=23$，$23^2=529$

H=29，j=5 进位

$25-23+j=2+5=7=Q$

$27-25+5=7=Q$

$(27-23)\div2+5=7=Q$

$27^2=QH=729=729$

解 2 : $b\&10=c$

$\underline{ab}^2=(\underline{ab}+c)(\underline{ab}-c)+c^2$

$b\&10=7\&10=3$

$27^2=(27+3)(27-3)+3^2$

$=30\times24+9=729$

解 3 : $27^2=(27-7)(27+7)+7^2$

$=20\times34+49=729$

解 4 : $7^2=49$，H=9，j=4 进位

$2(27+7)+4=2\times34+4=72=Q$

$27^2=QH=729=729$

例 2 $34^2=34\times34=?$

解 1 : $50-34=16$，$16^2=256$

H=56，j=2 进位

$25-16+j=9+2=11=Q$

$34-25+2=11=Q$

$(34-16)\div2+2=11=Q$

$34^2=QH=1156=1156$

解 2 : $50-34=16$，$16^2=256$

H=56，j=2 进位

$3+4+$ ❷ $+j=9+2=11=Q$

拆开 34 得 3 与 4；❷是常数

$34^2=QH=1156=1156$

解 3 : $34^2=(34-4)(34+4)+4^2$

$=30\times38+16=1156$

解 4 : $34^2=(34+6)(34-6)+6^2$

$=40\times28+36=1156$

解 5 : $4^2=16$，H=6，j=1 进位

$3(34+4)+1=3\times38+1=115=Q$

$34^2=QH=1156=1156$

例 3 $39^2=39\times39=?$

解 1 : $50-39=11$，$11^2=121$

H=21，j=1 进位

25−11+j=14+1=15=Q

39−25+1=15=Q

(39−11)÷2+1=15=Q

39^2=QH=1521=1521

解2：50−39=11，11^2=121

H=21，j=1 进位

3+9+**2**+j=14+1=15=Q

拆开 39 得 3 与 9；**2**是常数

39^2=QH=1521=1521

解3：39^2=(39+1)(39−1)+1^2

=40×38+1=1521

解4：39^2=(39−9)(39+9)+9^2

=30×48+81=1521

解5：9^2=81，H=1，j=8 进位

3(39+9)+8=3×48+8=152=Q

39^2=QH=1521=1521

例4 42^2=42×42=?

解1：50−42=8，8^2=64，H=64

25−8=17=Q

42−25=17=Q

(42−8)÷2=17=Q

42^2=QH=1764=1764

解2：42^2=(42−2)(42+2)+2^2

=40×44+4=1764

解3：42^2=(42+8)(42−8)+8^2

=50×34+64=1764

解4：2^2=4，H=4

4(42+2)=4×44=176=Q

42^2=QH=1764=1764

例5 48^2=48×48=?

解1：50−48=02，02^2=04

H=04

25−2=23=Q

48−25=23=Q

(48−2)÷2=23=Q

48^2=QH=2304=2304

解2：48^2=(48+2)(48−2)+2^2

=50×46+4=2304

解3：48^2=(48−8)(48+8)+8^2

=40×56+64=2304

解4：8^2=64，H=4，j=6 进位

4(48+8)+6=4×56+6=230=Q

48^2=QH=2304=2304

（c）$80 > \underline{ab} \geqslant 51$，$b \neq 0$ 且 $b \neq 5$

$\underline{ab} - 50 = \underline{cd}$，$\underline{cd}^2 = jH$

$\underline{cd}^2$ 的末两位数是 H，j 进位

$25 + \underline{cd} + j = Q = (\underline{ab} + \underline{cd}) \div 2 + j$

$= \underline{ab} - 25 + j$

例 1 $52^2 = 52 \times 52 = ?$

解 1： $52 - 50 = 02$，$02^2 = 04$

$H = 04$

$25 + 2 = 27 = Q$

$52 - 25 = 27 = Q$

$(52 + 2) \div 2 = 27 = Q$

$52^2 = QH = 2704 = 2704$

解 2： $(52 - 2)(52 + 2) + 2^2$

$= 50 \times 54 + 4 = 2704$

解 3： $(52 + 8)(52 - 8) + 8^2$

$= 60 \times 44 + 64 = 2704$

例 2 $58^2 = 58 \times 58 = ?$

解 1： $58 - 50 = 08$，$08^2 = 64$

$H = 64$

$25 + 8 = 33 = Q$

$58 - 25 = 33 = Q$

$(58 + 8) \div 2 = 33 = Q$

$58^2 = QH = 3364 = 3364$

解 2： $58^2 = (58 + 2)(58 - 2) + 2^2$

$= 60 \times 56 + 4 = 3364$

解 3： $58^2 = (58 - 8)(58 + 8) + 8^2$

$= 50 \times 66 + 64 = 3364$

例 3 $63^2 = 63 \times 63 = ?$

解 1： $63 - 50 = 13$，$13^2 = 169$

$H = 69$，$j = 1$ 进位

$25 + 13 + j = 38 + 1 = 39 = Q$

$63 - 25 + 1 = 39 = Q$

$(63 + 13) \div 2 = 39 = Q$

$63^2 = QH = 3969 = 3969$

解 2： $63^2 = (63 - 3)(63 + 3) + 3^2$

$= 60 \times 66 + 9 = 3969$

解 3： $63^2 = (63 + 7)(63 - 7) + 7^2$

$= 70 \times 56 + 49 = 3969$

解 4： $3^2 = 9$，$H = 9$

$6(63 + 3) = 6 \times 66 = 396 = Q$

$63^2 = QH = 3969 = 3969$

例 4 $76^2 = 76 \times 76 = ?$

解1：$76-50=26$，$26^2=676$

$H=76$，$j=6$ 进位

$26+25+j=51+6=57=Q$

$76-25+6=57=Q$

$(76+26) \div 2+j=51+6=57=Q$

$76^2=QH=5776=5776$

解2：$6^2=36$，$H=6$，$j=3$ 进位

$7(76+6)+j=7 \times 82+3=577=Q$

$76^2=QH=5776=5776$

解3：$76^2=(76-6)(76+6)+6^2$

$=70 \times 82+36=5776$

解4：$76^2=(76+4)(76-4)+4^2$

$=80 \times 72+16=5776$

（d）$100>\underline{ab} \geqslant 81$，$b \neq 0$ 且 $b \neq 5$

$100-\underline{ab}=\underline{cd}$，$\underline{cd}^2=jH$

末两位数是 H，j 进位

$\underline{ab}-\underline{cd}+j=Q=100-2\underline{cd}+j$

$\underline{ab}^2=QH$

例1 $99^2=?$

解：$100-\underline{ab}=100-99=01=\underline{cd}$

$\underline{cd}^2=01^2=01=H$

$\underline{ab}-\underline{cd}=99-01=98=Q$

$\underline{ab}^2=99^2=QH=9801=9801$

例2 $98^2=?$

$100-98=02$，$02^2=04=H$

$98-02=96=Q$

$98^2=QH=9604=9604$

例3 $92^2=92 \times 92=?$

解1：$100-92=08$，$08^2=64$

$H=64$

$92-08=84=Q$

$100-2 \times 08=84=Q$

$92^2=QH=8464=8464$

解2：$92^2=(92+8)(92-8)+8^2$

$=100 \times 84+64=8464$

解3：$92^2=(92-2)(92+2)+2^2$

$=90 \times 94+4=8464$

解4：$92-50=42$

$42^2=1764=jH$

H=64，j=17 进位

$92-25+j=92-25+17=84=Q$

$42+25+17=84=Q$

$(92+24)\div2+17=84=Q$

$92^2=QH=8464=8464$

例4 $87^2=87\times87=?$

解1：$100-87=13$

$13^2=169=jH$，$H=69$，$j=1$ 进位

$87-13+j=74+1=75=Q$

$100-2\times13+1=75=Q$

$87^2=QH=7569=7569$

解2：$87-50=37$

$37^2=1369=jH$，$H=69$，$j=13$ 进位

$87-25+13=75=Q$

$37+25+13=75=Q$

$(87+37)\div2+13=75=Q$

$87^2=QH=7569=7569$

解3：$7^2=49$，$H=9$，$j=4$ 进位

$8(87+7)+j=8\times94+4=756=Q$

$87^2=QH=7569=7569$

解4：$(87+3)(87-3)+3^2$

$=90\times84+9=7569$

解5：$(87-7)(87+7)+7^2$

$=80\times94+49=7569$

402. 求 a1^2

$a(a2)=Q$，$1=H$

例1 $\underline{a1}^2=11^2=?$

解：$a(a2)=1\times12=12=Q$，$H=1$

$11^2=QH=121=121$

例2 $21^2=?$

解：$a(a2)=2\times22=44=Q$，$H=1$

$21^2=QH=441=441$

例3 $31^2=?$

解：$3\times32=96=Q$，$H=1$

$31^2=QH=961=961$

*$41^2=1681$

*$51^2=2601$

*$61^2=3721$

*$71^2=5041$

*$81^2=6561$

*$91^2=8281$

403. 求 $\underline{a9}^2$

$(a+1) \times \underline{a8}=Q$，$1=H$

例1 求 29^2

解： $3 \times 28=84=Q$，$H=1$

$29^2=QH=841=841$

例2 求 49^2

解： $5 \times 48=240=Q$，$H=1$

$49^2=QH=2401=2401$

例3 求 69^2

解： $7 \times 68=476=Q$，$H=1$

$69^2=QH=4761=4761$

例4 求 89^2

解： $9 \times 88=792=Q$，$H=1$

$89^2=QH=7921=7921$

404. 求 $\underline{aa}^2$

$21a^2=jH$，末两位数是 H，j 进位

$a^2+j=Q$，$\underline{aa}^2=QH$

例1 $22^2=?$

解1： $21a^2=21 \times 4=84=H$，$j=0$

$a^2=4=Q$

$22^2=QH=484=484$

解2： $22^2=11^2 \times 2^2$

$=121 \times 4=484$

解3： $22^2=11^2 \times 2^2$

$=11 \times 44=484$

解4： $\underline{aa} \times a=22 \times 2=44=jH$

$H=4$，$j=4$ 进位

$jH+j=44+4=48=Q$

$22^2=QH=484=484$

解5： a^2 为两位数，若是一位数前置 0。

$\underline{a}^2\underline{a}^2$ 为四位数

$a^2=2^2=04$，$\underline{a}^2\underline{a}^2=0404$

$\underline{aa}^2=a^2 \times 11^2=\underline{a}^2\underline{a}^2+20a^2$

$22^2=02^2 \times 11^2=0404+20 \times 04$

$=404+80=484$

例2 $33^2=?$

解1： $21a^2=21 \times 9=189$

$H=89$，$j=1$ 进位

$a^2+j=9+1=10=Q$

$33^2=QH=1089=1089$

解2：$33^2=11^2 \times 3^2=121 \times 9$

$=1089$

解3：$33 \times 3=99=jH$

$H=9$，$j=9$ 进位

$jH+j=99+9=108=Q$

$33^2=QH=1089=1089$

解4：$33^2=3^2 \times 11^2=09 \times 11^2$

$=0909+20 \times 9=1089$

例3 $88^2=?$

解1：$88 \times 8=704=jH$

$H=4$，$j=70$ 进位

$jH+j=704+70=774=Q$

$88^2=QH=7744=7744$

解2：$88^2=08^2 \times 11^2=64 \times 11^2$

$=6464+20 \times 64=7744$

405. 已知 $\underline{a1}^2$ 的值，求 $\underline{ab}^2$

$\underline{a1}^2=qh$，h 舍去

$b^2=jH$，个位数是 H，j 进位

$q+2a(b-1)+j=Q$

$\underline{ab}^2=QH$

例1 $37^2=?$

解：$31^2=qh=961$，$q=96$

$b^2=7^2=jH=49$，$H=9$，$j=4$ 进位

$q+2a(b-1)+j$

$=96+2 \times 3 \times (7-1)+4=136=Q$

$37^2=QH=1369=1369$

例2 $78^2=?$

解：$71^2=qh=5041$，$q=504$

$8^2=jH=64$，$H=4$，$j=6$ 进位

$504+2 \times 7 \times (8-1)+6=608=Q$

$78^2=QH=6084=6084$

例3 $86^2=?$

解：$81^2=qh=6561$，$q=656$

$6^2=jH=36$，$H=6$，$j=3$ 进位

$656+2 \times 8 \times (6-1)+3=739=Q$

$86^2=QH=7396=7396$

406. $\underline{aa} \times \underline{bb}$

$21ab=jH$，末两位数是 H，j 进位

$ab+j=Q$

例 1 33×66=?

解 1 : 21ab=21×3×6

=jH=378，H=78，j=3 进位

ab+j=3×6+3=21=Q

33×66=QH=2178=2178

解 2 : 3×66=198=jH

H=8，j=19 进位

jH+j=198+19=217=Q

33×66=QH=2178=2178

解 3 : 33×66=3×6×11×11

=198×11=2178

解 4 : 33×66=18×11²

=1818+20×18=1818+360=2178

例 2 77×88=?

解 1 : 21×7×8=1176=jH

H=76，j=11 进位

ab+j=7×8+11=67=Q

77×88=QH=6776=6776

解 2 : 7×88=616=jH

H=6，j=61 进位

jH+j=616+61=677=Q

77×88=QH=6776=6776

解 3 : 77×88=7×8×11×11

=616×11=6776

解 4 : 77×88=56×11²

=5656+20×56=6776

407. ab×cc

例 1 64×22=?

解 1 原式 =64×2×11

=128×11=1408

解 2 原式 =64×11×2

=704×2=1408

解 3 : 64×2=128=jH

H=8，j=12 进位

jH+j=128+12=140=Q

64×22=QH=1408=1408

解 4 : a+b=6+4=10

bc=4×2=08=H 是两位数

(a+1)c=(6+1)×2=14=Q

64×22=QH=1408=1408

例 2 $73 \times 88=$?

解 1：原式 $=73 \times 8 \times 11$
$=584 \times 11=6424$

解 2：$73 \times 88=73 \times 11 \times 8$
$=803 \times 8=6424$

解 3：$73 \times 8=584=jH$
$H=4$，$j=58$ 进位
$584+58=642=Q$
$73 \times 88=QH=6424=6424$

解 4：$7+3=10$
$3 \times 8=24=H$，$8(7+1)=64=Q$
$73 \times 88=QH=6424=6424$

例 3 $58 \times 33=$?
解 1：$58 \times 33=58 \times 3 \times 11$
$=174 \times 11=1914$

解 2：$58 \times 33=58 \times 11 \times 3$
$=638 \times 3=1914$

解 3：$58 \times 3=174=jH$
$H=4$，$j=17$ 进位
$174+17=174+17=191=Q$
$58 \times 33=QH=1914=1914$

例 4 $75 \times 66=$?
解 1：$75 \times 66=75 \times 6 \times 11$
$=450 \times 11=4950$

解 2：原式 $=66 \times 300 \div 4$
$=19800 \div 4=4950$

解 3：$75 \times 66=5 \times 15 \times 66$
$=5 \times 990=50 \times 99=4950$

408. 三位数的平方

（a）求 $\underline{a0b}^2$
b^2 末两位数是 H，$a(\underline{a0b}+b)=Q$

例 1 $102^2=$?
解 1：$2^2=04=H$
$1 \times (102+2)=104=Q$
$102^2=QH=10404=10404$

解 2：$1^2=1=Q$
$2 \times 1 \times 02=04=\boxed{Z}$，$2^2=04=H$
$102^2=QZH=1\boxed{04}04=10404$

例2　$109^2=?$

解1：$9^2=81=H$

$1 \times (109+9)=118=Q$

$109^2=QH=11881=11881$

解2：$1^2=1=Q$

$2 \times 1 \times 09=18=Z$，$9^2=81=H$

$109^2=QZH=11881=11881$

例3　$508^2=?$

解1：$8^2=64=H$

$5(508+8)=2580=Q$

$508^2=QH=258064=258064$

解2：$5^2=25=Q$

$2 \times 5 \times 08=80=Z$，$8^2=64=H$

$508^2=QZH=258064=258064$

例4　$903^2=?$

解1：$3^2=09=H$

$9(903+3)=8154=Q$

$903^2=QH=815409=815409$

解2：$9^2=81=Q$

$2 \times 9 \times 03=54=Z$，$3^2=09=H$

$903^2=QZH=815409=815409$

（b）求 $\underline{aaa}^2$

$111^2=12321$

例1　$222^2=?$

解1：$222^2=2^2 \times 111^2$

$=4 \times 12321=49284$

解2：222^2

$=(222-22)(222+22)+22^2$

$=200 \times 244+484$

$=48800+484=49284$

解3：$222^2=\underline{abc}^2$

$\underline{bc}^2=22^2=484=jH$

$H=84$，$j=4$ 进位

$2a \times \underline{bc}+j=2 \times 2 \times 22+4=92=Z$

$a^2=2^2=4=Q$

$222^2=QZH=49284=49284$

解4：$222^2=\underline{abc}^2$

$c^2=2^2=4=H$

$2\underline{ab} \times b=2 \times 22 \times 2=88=jZ$

$Z=8$，$j=8$ 进位

$\underline{ab}^2+j=484+8=492=Q$

$222^2=QZH=49284=49284$

例 2 $333^2=?$

解 1 : $333^2=3^2 \times 111^2$

$=9 \times 12321=110889$

解 2 : 333^2

$=(333-33)(333+33)+33^2$

$=300 \times 366+1089$

$=109800+1089$

$=110889$

例 3 $444^2=?$

解 1 : 444^2

$=(444+6)(444-6)+6^2$

$=450 \times 438+36$

$=5 \times 438 \times 90+36$

$=2190 \times 90+36$

$=197136$

解 2 : 444^2

$=(444-44)(444+44)+44^2$

$=400 \times 488+1936$

$=195200+1936$

$=197136$

例 4 $555^2=?$

解 1 : 555^2

$=5^2 \times 12321$

$=5 \times 61605$

$=308025$

解 2 : 555^2

$=5^2 \times 12321$

$=1232100 \div 4$

$=308025$

解 3 : 555^2

$=(555+45)(555-45)+45^2$

$=600 \times 510+2025$

$=306000+2025$

$=308025$

解 4 : 555^2

$=(555-55)(555+55)+55^2$

$=500 \times 610+3025$

$=305000+3025$

$=308025$

例 5 $666^2=?$

解 1 : 666^2

$=6^2 \times 12321$

$=4 \times 12321 \times 9$

$=49284 \times 9$

$=443556$

解2： 666^2

$=(666+34)(666-34)+34^2$

$=700 \times 632+1156$

$=443556$

解3： 666^2

$=(666-66)(666+66)+66^2$

$=600 \times 732+4356$

$=443556$

例6. $777^2=?$

解1： 777^2

$=7^2 \times 12321$

$=12321 \times (50-1)$

$=616050-12321$

$=603729$

解2： 777^2

$=(777+23)(777-23)+23^2$

$=800 \times 754+529$

$=603200+529$

$=603729$

解3： 777^2

$=(777-77)(777+77)+77^2$

$=700 \times 854+5929$

$=597800+5929$

$=603729$

例7 $888^2=?$

解： 888^2

$=(888+12)(888-12)+12^2$

$=900 \times 876+144$

$=788400+144$

$=788544$

例8 $999^2=?$

解1： 999^2

$=(999+1)(999-1)+1^2$

$=1000 \times 998+1$

$=998000+1$

$=998001$

解2： $999^2=999 \times 999$

$999-1=998=Q$

$999-998=001=H$

$999^2=QH=998001=998001$

（c）求 $\underline{abc}^2$

例1 $648^2=?$

解1： 648^2

$=(648+2)(648-2)+2^2$

$=650 \times 646+4$

$=419904$

 巧 算 整 数 乘 法

解2： 648^2

$=(648+52)(648-52)+52^2$

$=700 \times 596+2704$

$=419904$

解3： 648^2

$=(650-2)^2$

$=650^2-2 \times 650 \times 2+4$

$=422500-2600+4$

$=419904$

解4： $c^2=jH$ 的个位数是后积 H，j 进位。

$2\underline{ab} \times c+j=J\underline{Z}$ 的个位数是中积 $\underline{Z}$，J 进位。

$\underline{ab}^2+J=Q$ 是前积。

$c^2=8^2=64=jH$，H=4，j=6 进位。

$2\underline{ab} \times c+j=2 \times 64 \times 8+6=103\underline{0}$

$=J\underline{Z}$，$\underline{Z}=0$，J=103 进位。

$\underline{ab}^2+J=64^2+103=4199=Q$

$648^2=QZH=419904=419904$

解5： 648 对 6×10^2 求辅补为 48，H 是两位数。

$48^2=2304=jH$

H=04，j=23 进位

$6(648+48)+j=6 \times 696+23$

$=4199=Q$

$648^2=QH=419904=419904$

解6： 648 对 6.5×10^2 求 补 为 –2，H 是两位数。

$(-2)^2=04=H$，H=04

$6.5(648-2)=6.5 \times 646=4199=Q$

$648^2=QH=419904=419904$

解7： 648 对 7×10^2 求补为 –52，H 是两位数。

$(-52)^2=2704=H$

H=04，j=27 进位

$7(648-52)+j=7 \times 596+27$

$=4199=Q$

$648^2=QH=419904=419904$

409. 两位数的立方

$\underline{ab}^3=\underline{ab}^2 \times \underline{ab}$

例1 $\underline{ab}^3=12^3=?$

解1： $12^3=12^2 \times 12=144 \times 12$

$=1728$

解2： a=1，$a^3=1^3=1=Q$

b=2，$b^3=2^3=8=H$ 是一位数

$3ab \times \underline{ab}=3 \times 1 \times 2 \times 12=72=\underline{Z}$ 是两位数

$12^3=Q\underline{Z}H=1728=1728$

50

例2 $58^3=?$

解1：$b=8$，$b^3=512=jH$

$j=51$ 进位，$H=2$

$3ab \times \underline{ab}+j=3 \times 5 \times 8 \times 58+51$

$=70\boxed{11}=J\boxed{Z}$，$\boxed{Z}=\boxed{11}$，$J=70$ 进位

$a^3+J=5^3+70=195=Q$

$58^3=Q\boxed{Z}H=195\boxed{11}2=195112$

解2：$58^3=(60-2)^3$

$=60^3-3 \times 60^2 \times 2+3 \times 60 \times 2^2-2^3$

$=60(3600-360+12)-8$

$=195112$

例3 $65^3=?$

解1：$65^3=65^2 \times 65=4225 \times 65$

$=274625$

解2：$b=5$，$b^3=125=jH$

$j=12$ 进位，$H=5$

$3ab \times \underline{ab}+j=3 \times 6 \times 5 \times 65+12$

$=58\boxed{62}=J\boxed{Z}$，$J=58$ 进位，$\boxed{Z}=\boxed{62}$

$a^3+J=6^3+58=216+58=274=Q$

$65^3=Q\boxed{Z}H=274\boxed{62}5=274625$

例4 $99^3=?$

解：$99^3=99^2 \times 99=9801 \times 99$

$=970299$

第五章　符号补数

定义 一个整数减 $N \times 10^n$ 的差，是该数对 $N \times 10^n$ 的符号补数，简称符补（$1 \leq N \leq 9$）。

$8-10=-2$，

-2 是 8 对 10^1 的符补。

$53-50=3$，

3 是 53 对 5×10^1 的符补。

$86-10^2=-14$，

-14 是 86 对 10^2 的符补。

$125-10^2=25$，

25 是 125 对 10^2 的符补。

$692-700=-08$，

-08 是 692 对 7×10^2 的符补。

$819-800=19$，

19 是 819 对 8×10^2 的符补。

$889-1000=-111$，

-111 是 889 对 10^3 的符补。

$1004-1000=004$，

004 是 1004 对 10^3 的符补。

501.　被乘数与乘数对 10^t 求符补且同号

被乘数与乘数对 10^t 求符补，若两符补乘积的位数恰为 t 位，则该乘积是原式的后积 H，简言之：10^t 的指数 t 是原乘式后积 H 的位数。

符补积的位数少于 t 则在前面置若干位 0，凑到 t 位是原乘式的后积 H。

符补积的位数多于 t 则高位数进位，余下的 t 位是原乘式后积 H。

被乘数（乘数）的符补与乘数（被乘数）的代数和再加进位数是前积 Q。

例1 $96 \times 98=?$

96、98 对 10^2 求符补是 -4、-2；

52

后积 H 是 2 位数

96　　　98

+

−2　×　−4=08=H，在 8 前置 0

96−2=98−4=94=Q

96×98=QH=9408=9408

例2 19×97=？

19、97 对 10^2 求 符补 是 −81、−3；

H 是 2 位数

19　　　97

+

−3　×　−81=243，2 进位；43=H

19−3+2=97−81+2=18=Q

加进位数 2

19×97=QH=1843=1843

例3 96×75=？

96、75 对 10^2 求符补 是 −4、−25；

H 是 2 位数

96　　　75

+

−25　×　−4=100，1 进位；00=H

96−25+1=75−4+1=72=Q

加进位数 1

96×75=QH=7200=7200

例4 123^2=123×123=？

解：123 对 10^2 求 符补 是 23；

H 是 2 位数

123　　　123

+

23　×　23=529，5 进位；29=H

123+23+5=151=Q　加进位数 5

123^2=QH=15129=15129

例5 125×116=？

125、116 对 10^2 求 符补 是 25、16；

H 是 2 位数

125　　　116

+

16　×　25=400，4 进位；00=H

125+16+4=116+25+4=145=Q

加进位数 4

125×116=QH=14500=14500

例6. 996×998=？

解：996、998 对 10^3 的 符补 是 −4、−2；H 是 3 位数

996   998

\+

−2 × −4=008=H

996−2=998−4=994=Q

996 × 998=QH=994008=994008

例7 992 × 875= ?

解：992、875 对 10^3 求符补是 −8、−125；后积是 3 位数

992   875

\+

−125 × −8=1000，1 进位；

H=000

992−125+1= 875−8+1=868=Q

加进位数 1

992 × 875=QH=868000=868000

例8 1125^2=1125 × 1125= ?

解：1125 对 10^3 求符补是 125;
H 是 3 位数

1125   1125

\+

125 × 125=15625，

15 进位；H=625

1125+125+15=1265=Q

加进位数 15

1125^2=QH=1265625=1265625

例9 9996 × 9989= ?

解：9996、9989 对 10^4 求符补是 −4、−11；H 是 4 位数

9996   9989

\+

−11 × −4=0044=H

9996−11=9989−4=9985=Q

9996 × 9989=QH=99850044

=99850044

例10 9875 × 9916= ?

解：9875、9916 对 10^4 符补是 125、84；H 是 4 位数

9875   9916

\+

−84 × −125=10500，

1 进位；H=0500

9875−84+1=9916−125+1

=9792=Q，加进位数 1

9875 × 9916=QH=97920500

=97920500

例 11 $10625 \times 10016=?$

解：10625、10016 对 10^4 符补，是 625、16；H 是 4 位数

10625　　10016

$+$

16　 $\times$ 　625=10000，

1 进位；H=0000

$10625+16+1=10016+625+1$

$=10642=Q$

$10625 \times 10016=QH=106420000$

$=106420000$

例 12 $10678 \times 10999=?$

解：10678、10999 对 10^4 符补，是 678、999；H 是 4 位数

10678　　10999

$+$

999　 $\times$ 　678=677322，

67 进位；H=7322

$10678+999+67=10999+678+67$

$=11744=Q$

$10678 \times 10999=QH=117447322$

$=117447322$

502. 被乘数与乘数对 10^t 求符补且异号

被乘数与乘数分别对 10^t 求符补，若两符补乘积位数小于或等于 t 位，则该积的绝对值对 10^t 的补是原式的后积 H。

若该积位数大于 t 位，则高位数带负号进位，末 t 位数对 10^t 的补是原式积的后积 H。

被乘数（乘数）的符补与乘数（被乘数）代数和加进位数再减 1 是前积 Q。

* 当后积 H=$0_{(t-1)}0$ 时，计算前积 Q 不再减 1。

例 1 $98 \times 103=?$

解：98、103 对 10^2 求符补是 –2、3；H 为 2 位数

103　　98

$+$

-2　 $\times$ 　3 =-6，6&10^2=94=H

$103-2-1=98+3-1=100=Q$

$98 \times 103=QH=10094=10094$

例2 89×116=?

解： 89、116 对 10^2=100 求符补
是 −11、16；H 是 2 位数

116   89

+

−11 × 16 =−176，−1 进位；

76&10^2=24=H

116−11−1−1=89+16−1−1=103=Q

加进位 −1

89×116=QH=10324=10324

例3 92×125=?

解： 92、125 对 10^2 的符补是 −8、
25；H 是 2 位数

125   92

+

−8 × 25=−200，−2 进位；

H=00

125−8−2=92+25−2=115=Q

加进位数 −2

92×125=QH=11500=11500

* 后积 H=00，求前积 Q 只加进
位数不再减 1。

例4 1002×996=?

解： 1002、996 对 10^3 求符补是
2、−4；H 是 3 位数

1002   996

+

−4 × 2=−8，8&10^3=992=H

1002−4−1=996+2−1=997=Q

1002×996=QH=997992=997992

例5 1125×992=?

解： 1125、992 对 10^3 求符补是
125，−8；H 是 3 位数

1125   992

+

−8 × 125=−1000，−1 进位；

H=000

1125−8−1=992+125−1=1116=Q

加进位数 −1

1125×992=QH=1116000=1116000

例6. 1135×925=?

解： 1135、925 对 10^3 求符补是
135、−75；H 是 3 位数

1135　　925

+

−75　×　135=−10125，−10 进位；

$125\&10^3=875=H$

1135−75−10−1

=925+135−10−1=1049=Q

加进位数 −10

1135×925=QH=1049875=1049875

例7 11234×9001=?

解：11234、9001 对 10^4 求符补

是 1234、−999；H 是 4 位数

11234　　9001

+

−999　×　1234=−1232766，

−123 进位；$2766\&10^4=7234=H$

11234−999−123−1

=9001+1234−123−1=10111=Q

加进位数 −123

11234×9001=QH

=101117234=101117234

例8 11625×9936=?

解：11625、9936 对 10^4 求符补

是 1625、−64；H 是 4 位数

11625　　9936

+

−64　×　1625=−104000，

−10 进位；$4000\&10^4=6000=H$

11625−64−10−1

=9936+1625−10−1=11550=Q

加进位数 −10

11625×9936=QH

=115506000=115506000

503.　被乘数与乘数对 $N×10^t$ 求符补且同号

被乘数与乘数对 $N×10^t$ 求符补，若两符补乘积恰为 t 位则该乘积是原式的后积 H。简言之：$N×10^n$ 的指数 t 是原式后积 H 的位数。

符补积少于 t 位则在前面置若干位 0，凑到 t 位数是后积 H。

符补积多于 t 位则高位数进位，余下的 t 位数是后积。

被乘数（乘数）的符补与乘数（被乘数）的代数和乘以 N 再加进位数是前积 Q。

例1 $78 \times 89 = ?$

解：78、89 分别对 9×10^1 求符补是 -12、-1；H 是 1 位数

$$78 \quad\quad 89 \qquad N=9$$
$$+$$
$$-1 \quad \times \quad -12=12，1 \text{ 进位；} H=2$$

$(78-1) \times 9+1=(89-12) \times 9+1$

$=694=Q$

加进位数 1

$78 \times 89 = QH = 6942 = 6942$

例2 $81 \times 87 = ?$

解1：81、87 对 8×10^1 求符补是 1、7；H 是 1 位数

$$81 \quad\quad 87 \qquad N=8$$
$$+$$
$$7 \quad \times \quad 1=7=H$$

$(81+7) \times 8=(87+1) \times 8=704=Q$

$81 \times 87 = QH = 7047 = 7047$

解2：81、87 对 9×10^1 求符补是 -9、-3；H 是 1 位数

$$81 \quad 87 \qquad\quad N=9$$
$$+$$
$$-3 \quad \times \quad -9=27，2 \text{ 进位；} H=7$$

$(81-3) \times 9+2$

$=(87-9) \times 9+2=704=Q$

加进位数 2

$81 \times 87 = QH = 7047 = 7047$

例3 $67^2 = 67 \times 67 = ?$

解1：67 对 6×10^1 求符补为 7；H 是 1 位数

$$67 \quad\quad 67 \qquad N=6$$
$$+$$
$$7 \quad \times \quad 7=49，4 \text{ 进位；} H=9$$

$(67+7) \times 6+4=448=Q$

加进位数 4

$67^2 = QH = 4489 = 4489$

解2：67 对 7×10^1 求符补 -3；H 是 1 位数

$$67 \quad\quad 67 \qquad N=7$$
$$+$$
$$-3 \quad \times \quad -3=9=H$$

$(67-3) \times 7=448=Q$

$67^2 = QH = 4489 = 4489$

例4 $725 \times 712 = ?$

解：725、712 对 7×10^2 求符补是 25，12；H 是 2 位数

725   712   N=7

+

12 × 25=300，3 进位；H=00

(725+12) × 7+3

=(712+25) × 7+3=5162=Q

进加位数 3

725 × 712=QH=516200=516200

例 5 898×897=?

解1：898、897 对 9×10^2 求符补是 −2、−3；H 是 2 位数

898   897   N=9

+

−3 × −2=06=H

(898−3) × 9=(897−2) × 9=8055=Q

898 × 897=QH=805506=805506

解2：898、897 对 10^3 求符补是 −102、−103；H 是 3 位数

898   897   N=

+

−103 × −102=10506，10 进位

H=506

(898−103)+10

=(897−102)+10=805=Q

898 × 897=QH=805506=805506

例 6. 665×625=?

解1：665、625 对 7×10^2 求符补是 −35、−75；H 是 2 位数

665   625   N=7

+

−75 × −35=2625，26 进位；

25=H

(665−75) × 7+26

=(625−35) × 7+26=4156=Q

加进位数 26

665 × 625=QH=415625=415625

解2：665、625 对 6×10^2 求符补是 65，25；H 是 2 位数

665   625   N=6

+

25 × 65=1625，16进位；25=H

(665+25) × 6+16

=(625+65) × 6+16=4156=Q

加进位数 16

665 × 625=QH=415625=415625

例 7 4168×4099=?

解：4168、4099 对 4×10^3 求符补是 168、99；H 是 3 位数

4168　　4099　　　N=4

+

（交叉箭头）

99　×　168=16632，16 进位；

H=632

(4168+99)×4+16

=(4099+168)×4+16=17084=Q

加进位数 16

4168×4099=QH

=17084632=17084632

例8 59978×59893= ？

解：59978、59893 对 $6×10^4$ 求符补是 −22、−107；H 是 4 位数

59978　　59893　　　N=6

+

（交叉箭头）

−107　×　−22=2354=H

(59978−107)×6=(59893−22)×6

=359226=Q

59978×59893=QH=3592262354

=3592262354

---

504. 被乘数与乘数对 $N×10^t$ 求符补且异号

被乘数与乘数分别对 $N×10^t$ 求符补，若两符补乘积位数小于

或等于 t 位，其该积的绝对值对 10^t 的补是原式的后积 H。

若该积位数多于 t 位则高位数带负号进位，末 t 位数对 10^t 的补是原式积的后积 H。

被乘数（乘数）的符补与乘数（被乘数）的代数和乘以 N（2 ≤ N ≤ 9）的积加进位数再减 1 是 Q。

* 当 H=$0_{(t-1)}0$ 时，求 Q 时只加进位不减 1。

例1 92×87=？

解1：87、92 对 $9×10^1$ 求符补是 −3、2；H 是 1 位数

92　　　　87=89　　　N=9

+

（交叉箭头）

−3　×　2=−6，6&10=4=H

(92−3)×9−1=(87+2)×9−1

=800=Q

92×87=QH=8004=8004

解2：92、87 对 10^2 求符补是 −8、−13；H 是 2 位数

92　　　　87

+

（交叉箭头）

−13　×　−8=104，1 进位；H=04

87−8+1=92−13+1=80=Q

92×87=QH=8004=8004

例2 79×68=?

解1: 79、68 对 $7×10^1$ 求 **符补**

9、−2; H是1位数

79　　　　68　　N=7

+

−2　×　9=−18，−1 进位；

8&10=2=H

(79−2)×7−1−1

=(68+9)×7−1−1=537=Q

加进位数 −1

79×68=QH=5372=5372

解2: 79、68 对 $8×10^1$ 求 **符补** −1、−12; H是1位数

79　　　　68　　N=8

+

−12　×　−1=12，−1 进位；H=2

(79−12)×8+1=(68−1)×8+1

=537=Q

加进位数 1

79×68=QH=5372=5372

例3 86×75=?

解1: 86、75 对 $8×10^1$ 求**符补**

是 6、−5；H是1位数

86　　　　75　　N=8

+

−5　×　6=−30，−3 进位；H=0

(86−5)×8−3=(75+6)×8−3

=645=Q

加进位数 −3

86×75=QH=6450=6450

解2: 86、75 对 $7×10^1$ 求**符补**

是 16、5；H是1位数

86　　　　75　　N=7

+

5　×　16=80，8 进位；H=0

(86+5)×7+8=(75+16)×7+8

=645=Q

加进位数 8

86×75=QH=6450=6450

例4 594×612=?

解: 594、612 对 $6×10^2$ 的**符补**

是 −6、12；H是2位数

594　　　612　　N=6

+

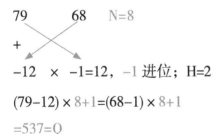

12　×　−6=−72，$72&10^2$=28=H

(594+12)×6−1

= (612−6)×6−1=3635=Q

594 × 612=QH=363528=363528

例 5 325×292=?

解： 325、292 对 3×10^2 的符补

分别是 25、–8 ；H 是 2 位数

325 292 N=3

+

–8 × 25=–200, –2 进位；H=00

(325–8)×3–2=(292+25)×3–2

=949=Q

加进位数 –2

325×292=QH=94900=94900

例 6. 275×365=?

解： 275、365 对 3×10^2 的符补

是 –25、65 ；H 是两位数

275 365 N=3

+

65 × –25=–1625，–16 进位；

$25 \& 10^2=75$=H

(275+65)×3–16–1

=(365–25)×3–16–1=1003=Q

加进位数 –16

275×365=QH=100375=100375

例 7 9125×8992=?

解： 9125、8992 对 9×10^3 的符

补是 125、–8 ；H 是 3 位数

9125 8992 N=9

+

–8 × 125=–1000，–1 进位；

H=000

(9125–8)×9–1

=(8992+125)×9–1=82052=Q

加进位数 –1

9125×8992=QH

=82052000=82052000

例 8 49999×39876=?

解： 49999、39876 对 4×10^4

求符补是 9999、–124 ；H 是 4

位数

49999 39876 N=4

+

–124 × 9999=–1239876，

–123 进位；$9876 \& 10^4=0124$=H

(49999–124)×4–123–1

=199376=Q

加进位数 –123

49999×39876=QH

=1993760124=1993760124

505. 被乘数约是乘数的 10^n 倍且符补同号

乘数乘以 10^n 后与被乘数数位相同，被乘数、乘数 $\times 10^n$ 分别对 10^t 求符补且符号相同。

两符补乘积位数恰是 10^t 的指数 t，该积记为 h；

若该积位数少于 t，则在该积前添 0 凑足 t 位是 h；

若该积位数多于 t，则高位数进位，余下的 t 位数是 h。

h 的末位舍弃 n（10^n 的指数 n）位 0，是原式后积 H。

被乘数（乘数 $\times 10^n$）与乘数 $\times 10^n$（被乘数）符补的代数和，加进位数是 Q。

例1 $998 \times 96 = ?$

解： $96 \times 10^1 = 960$，

998、960 对 10^3 的符补是 -2、-40；h 是 3 位数

998 960

+

$-40 \times -2 = 80$，

在 80 前添 0 得 $h=080$

$h=080$ 舍末 1 位 0 得 $H=08$

$998-40=960-2=958=Q$

$998 \times 96 = QH = 95808 = 95808$

例2 $898 \times 93 = ?$

解： $93 \times 10^1 = 930$，

898、930 对 10^3 的符补是 -102、-70、h 是 3 位数

898 930

+

$-70 \times -102 = 7140$，7 进位；

$140 = h$

$h=140$ 舍末 1 位 0，得 $H=14$

$898-70+7=930-102+7=835=Q$

加进位数 7

$898 \times 93 = QH = 83514 = 83514$

例3 $9986 \times 89 = ?$

解： $89 \times 10^2 = 8900$，

9986、8900 对 10^4 的符补是 -14、-1100；h 是 4 位数

9986 8900

+

$-1100 \times -14 = 15400$，1 进位；

$h=5400$

$h=5400$ 舍末 2 位 0，得 $H=54$

$9986-1100+1=8900-14+1$

=8887=Q 加进位数 1

9986×89=QH=888754=888754

例4 1125×12=?

解： 12×10²=1200，

1125、12×10² 对 10³ 求 **符补** 是 125、200 ；h 是 3 位数

1125   1200

+

200 × 125=25000，25 进位；

h=000，H=0

1125+200+25=1200+125+25

=1350=Q，加进位数 25

1125×12=QH=13500=13500

=135×10²

例5 1125×124=?

解： 124×10¹=1240，

1125、1240 对 10³ 的 **符补** 是 125、240 ；h 是 3 位数

1125   1240

+

240 × 125=30000，30 进位；

h=000

h=000 舍末 1 位 0 得 H=00

1125+240+30=1240+125+30

=Q=1395，加进位数 30

1125×124=QH=139500=139500

例6. 99936×98=?

解： 98×10³=98000，

99936、98000 对 10⁵ 求 **符补** 是 −64、−2000 ；h 为 5 位数

99936   98000

+

−2000 × −64 =128000，1 进位；

h=28000

h=28000 舍末 3 位 0 得 H=28

(99936−2000)+1=(98000−64)+1

=97937=Q 加进位数 1

99936×98=QH=9793728=9793728

例7 10008×101=?

解： 101×10²=10100，

10008、10100 对 10⁴ 的 **符补** 是 8、100 ；h 是 4 位数

10008 10100

+

100 × 8=800，

64

800 前添 0 得 h=0800

h=08[00] 舍末 2 位 [0] 得 H=08

10008+1[00]=101[00]+8=10108=Q

10008×101=QH=1010808

=1010808

例8 10019×116=?

解： $116×10^2=116[00]$,

10019、116[00] 对 10^4 的 符补 是 19、16[00]；h 是 4 位数

10019　116[00]

＋

16[00] × 19=30400，3 进位；

h=0400

h=04[00] 舍末 2 位 [0] 得 H=04

10019+1600+3=116[00]+19+3

=11622=Q　加进位数 3

10019×116=QH=1162204=1162204

例9 99995×9992=?

解： $9992×10^1=9992[0]$,

99995、9992[0] 对 10^5 的 符补 是 -5、-8[0]；h 是 5 位数

99995　9992[0]

＋

-8[0] × -5=00400，h=00400

h=0040[0] 舍末 1 位 [0] 得 H=0040

99995-80=9992[0]-5=99915=Q

99995×9992=QH=999150040

=999150040

506.　被乘数约是乘数的 10^n 倍且 符补异号

被乘数、乘数乘以 10^n 分别对 10^t 求 符补 符号相异。

两 符补 乘积的位数小于或等于 t (t 是 10^t 的指数)，该积的绝对值对 10^t 的 补 是 h　(h 不足 t 位要 h 前加 0 凑够 t 位)。

若积位数大于 t 则高位数带负号进位，余下 t 位数对 10^t 的 补 是 h。

h 舍弃末 n 位 0 得后积 H (n 是 10^n 的指数)。

被乘数(乘数 $×10^n$)与乘数 × 10^n(被乘数) 符补 的代数和，加进位数再减 1 是前积 Q。

若 $0_{(t-1)}0=h$，求前积 Q 时只加进位数不减 1。

例1 985×108=?

解： $108×10^1=108[0]$,

65

985、1080 对 10^3 求符补是 -15、80；h是3位数

1080 985
+
-15 × 80=-1200，-1进位；
200&10^3=800=h
h=800 舍末1位0得H=80
1080-15-1-1=985+80-1-1
=1063=Q，加进位数 -1
985×108=QH=106380=106380

例2 1056×98=?

解：$98×10^1$=980,

980、1056 对 10^3 求符补是 -20、56；h是3位数

1056 980
+
-20 × 56=-1120，-1进位；
120&10^3=880=h
h舍末1位得H=88
1056-20-1-1=980+56-1-1
=1034=Q，加进位数 -1
1056×98=QH=103488=103488

例3 9997×106=?

解：$106×10^2$=10600,

9997、$106×10^2$ 对 10^4 的符补是 -3、600；h是4位数

10600 9997
+
-3 × 600=-1800，
1800&10^4=8200=h
h舍末2位得H=82
10600-3-1=10596=Q
9997×106=QH=1059682=1059682

例4 9989×112=?

解：$112×10^2$=11200,

9989、11200 对 10^4 的符补是 -11、1200；h是4位数

11200 9989
+
-11 × 1200=-13200，-1进位
3200&10^4=6800=h
h舍末2位得H=68
11200-11-1-1=11187=Q
加进位数 -1
9989×112=QH=1118768=1118768

例5 10205×98=?

解：$98×10^2$=9800,

h 舍末 2 位 0 得 H

98⓪⓪、10205 对 10^4 求 符补 是

-2⓪⓪、205；h 是 4 位数

10205　98⓪⓪

+

-2⓪⓪ × 205=-410⓪⓪，-4 进位；

10⓪⓪&10^4=90⓪⓪=h，H=90

10205-2⓪⓪-4-1=10000=Q

加进位数 -4

10205×98=QH=1000090=1000090

例 6. 10275×88=?

解 1：88×10^2=88⓪⓪，

h 舍末 2 位 0 得 H

88⓪⓪、10275 对 10^4 的 符补 是

-12⓪⓪、275；h 是 4 位数

10275　88⓪⓪

+

-12⓪⓪ × 275=-3300⓪⓪、

-33 进位，h=000⓪，H=00

88⓪⓪+275-33=9042=Q

加进位数 -33

10275×88=QH=904200=904200

解 2：10275×88

=11×8×10275

=11×82200=9042×10^2

例 7 10004×975=?

解：975×10^1=9750，

h 舍末 1 位 0 得 H

975×10^1、10004 对 10^4 求 符补 是

-25⓪、4；h 是 4 位数

10004　975⓪

+

-25⓪ × 4=-1000，

1000&10^4=900⓪=h，H=900

10004-25⓪-1=9750+4-1=9753=Q

10004×975=QH=9753900=9753900

例 8 10125×872=?

解：872×10^1=872⓪，

h 舍末 1 位 0 得 H

872⓪、10125 对 10^4 的 符补 是

-128⓪、125；h 是 4 位数

10125　8720

+

-128⓪ ×125=-160000，

-16 进位；h=000⓪，H=000

10125-128⓪-16=872⓪+125-16

=8829=Q

加进位数 -16

$10125×872=QH=8829000=8829000$

例 9 $90001×1009=?$

解：$1009×10^2=100900$，

h 舍末 2 位 0 得 H

90001、100900 对 10^5 求符补是

-9999、900；h 是 5 位数

90001　100900

$+$

900　$×$　$-9999=-8999100$，

-89 进位，

$99100\&10^5=009900=h$，$H=009$

$90001+900-89-1=90811=Q$

加进位数 -89

$90001×1009=QH=90811009$

$=90811009$

例 10 $9998×100234=?$

解：$9998×10^1=99980$，

h 舍末 1 位 0 得 H

99980、100234 对 10^5 的符补是

-20、234；h 是 5 位数

99980　100234

$+$

234　$×$　$-20=-4680$，

$4680\&10^5=95320=h$，$H=9532$

$100234-20-1=99980+234-1$

$=100213=Q$

$9998×100234=QH=1002139532$

$=1002139532$

507. 被乘数约是乘数的 10^n 倍，对 $N×10^t$ 求符补且同号

被乘数与乘数乘以 10^n 分别对 $N×10^t$ 求符补且同号。

具体法则参考"503"与"505"章节。

例 1 $675×64=?$

解：$64×10^1=640$，

h 舍末 1 位 0 得 H

675、640 对 $7×10^2$ 的符补分别

是 -25、-60；h 是 2 位数

675　640　$N=7$

$+$

-60　$×$　$-25=1500$，15 进位；

$h=00$；$H=0$

$(675-60)×7+15$

$=(640-25)×7+15=4320=Q$

加进位数 15

675×64=QH=43200=43200

例2 802×83= ?

解1：83×10^1=830,

h 舍末 1 位 0 得 H

802、830 对 8×10^2 的 符补 分别

是 2、30；h 是 2 位数

802　　830　　N=8

+

30 × 2=60=h, H=6

(802+30)×8=(830+2)×8=6656=Q

802×83=QH=66566=66566

解2：802×83=?

83×10^1=830,

h 舍末 1 位 0 得 H

802，830 对 10^3 的 符补是 −198,

−170；h 是 3 位数

802　　830

+

−170 × −198=33660, 33 进位；

h=660, H=66

802−170+33=830−198+33

=665=Q

加进位数 33

802×83=QH=66566=66566

例3 221×29=?

解1：29×10^1=290,

h 舍末 1 位 0 得 H

221、290 对 2×10^2 求 符补 是 21、

90；h 是 2 位数

221　　290　　N=2

+

90 × 21=1890，18 进位；

h=90, H=9

(221+90)×2+18

=(290+21)×2+18=640=Q

加进位数 18

221×29=QH=6409=6409

解2：29×10^1=290,

h 舍末 1 位 0 得 H

221、290 对 3×10^2 求 符补分别

是 −79、−10；h 是 2 位数

221　　290　　N=3

+

−10 × −79=790，7 进位；

h=90, H=9

(221−10)×3+7=(290−79)×3+7

=640=Q

加进位数 7

221×29=QH=6409=6409

例4 3016×35=?

$35 \times 10^2 = 35\boxed{00}$,

h 舍末 2 位 0 得 H

3016、35$\boxed{00}$ 对 3×10^3 求符补分别为 16、5$\boxed{00}$；h 是 3 位数

3016　35$\boxed{00}$　　N=3

+

5$\boxed{00}$　×　16=8$\boxed{00}$，8 进位；

h=0$\boxed{00}$、H=0

(3016+5$\boxed{00}$)×3+8

=(35$\boxed{00}$+16)×3+8=10556=Q

加进位数 8

3016×35=QH=105560=105560

例5 8069×85=?

解：$85 \times 10^2 = 85\boxed{00}$,

h 舍末 2 位 0 得 H

8069、85$\boxed{00}$ 对 8×10^3 求符补分别为 69、5$\boxed{00}$；h 为 3 位数

8069　85$\boxed{00}$　　N=8

+

5$\boxed{00}$　×　69=345$\boxed{00}$，34 进位；

h=500、H=5

(85$\boxed{00}$+69)×8+34=68586=Q

加进位数 34

8069×85=QH=685865=685865

例6. 6987×62=?

解：$62 \times 10^2 = 62\boxed{00}$,

h 舍末 2 位 0 得 H

6987、62$\boxed{00}$ 对 7×10^3 求符补是 −13、−8$\boxed{00}$；h 为 3 位数

6987　62$\boxed{00}$　　N=7

+

−8$\boxed{00}$　×　−13=104$\boxed{00}$，

10 进位；h=4$\boxed{00}$，H=4

(6987−8$\boxed{00}$)×7+10

=(62$\boxed{00}$−13)×7+10=43319=Q

加进位数 10

6987×62=QH=433194=433194

例7 3008×326=?

解：$326 \times 10^1 = 326\boxed{0}$,

h 舍末 1 位 0 得 H

3008、326$\boxed{0}$ 分别对 3×10^3 的符补是 8、26$\boxed{0}$；h 为 3 位数

3008　326$\boxed{0}$　　N=3

+

　26$\boxed{0}$　×　8 =208$\boxed{0}$，

2 进位；h=08$\boxed{0}$，H=08

(3008+26$\boxed{0}$)×3+2　（加进位数 2）

=(326$\boxed{0}$+8)×3+2=9806=Q

3008×326=QH=980608=980608

例8　$5019 \times 518 = ?$

解：$518 \times 10^1 = 5180$，

h 舍末 1 位 0 得 H

5019、5180 对 5×10^3 求 符补 是

19、180；h 为 3 位数

5019　5180　　N=5

+

　180 × 19 = 3420，

3 进位；h=420，H=42

$(5019+180) \times 5+3$

$=(5180+19) \times 5+3=25998=Q$

加进位数 3

$5019 \times 518 = QH = 2599842 = 2599842$

例9　$20025 \times 208 = ?$

解：$208 \times 10^2 = 20800$，

h 舍末 2 位 0 得 H

20025、20800 对 2×10^4 求 符补

是 25、800；h 为 4 位数

20025　20800　　N=2

+

　800 × 25 = 20000，

2 进位；h=0000，H=00

$(20025+800) \times 2+2$

$=(20800+25) \times 2+2=41652=Q$

加进位数 2

$20025 \times 208 = QH = 4165200 = 4165200$

例10　$49998 \times 496 = ?$

解：$496 \times 10^2 = 49600$，

h 舍末 2 位 0 得 H

49998、49600 对 5×10^4 求 符补

是 −2、−400；h 为 4 位数

49998　49600　　N=5

+

−400 × −2 = 800，

h=0800，H=08

$(49998−400) \times 5=(49600−2) \times 5$

$=247990=Q$

$49998 \times 496 = QH = 24799008$

$=24799008$

508.　被乘数约是乘数的 10^n 倍，对 $N \times 10^t$ 求 符补 且异号

被乘数与 乘数 $\times 10^n$ 分别对 $N \times 10^t$ 求 符补 且符号相异。

具体法则参考"504"与"506"章节。

例1　$316 \times 28 = ?$

解：$28 \times 10^1 = 280$，

h 舍末 1 位 0 得 H

316、280 对 3×10^2 求 符补 是 16、

$-2\boxed{0}$；h 是 2 位数

316　　28$\boxed{0}$　　N=3

+

$-2\boxed{0}$ × 16=$-32\boxed{0}$，-3 进位；

$20\&10^2=8\boxed{0}$=h、8=H、N=3

$(316-2\boxed{0})×3-3-1$

$=(28\boxed{0}+16)×3-3-1=884\boxed{0}$=Q

加进位数 -3

316 × 28=QH=884\boxed{0}=8848

例2 8128×75=?

解： $75×10^2=750\boxed{0}$,

h 舍末 2 位 0 得 H

8128、75$\boxed{00}$ 对 $8×10^3$ 求 符补 是

128、$-5\boxed{00}$；h 是 3 位数

8128　　75$\boxed{00}$　　N=8

+

$-5\boxed{00}$ × 128=$-640\boxed{00}$，-64 进位；

h=0$\boxed{00}$、H=0

$(8128-5\boxed{00})×8-64$（加进位数 64）

$=(750\boxed{0}+128)×8-64=60960\boxed{0}$=Q

8128 × 75=QH=609600\boxed{0}=609600

例3 3997×402=?

解： $402×10^1=402\boxed{0}$,

h 舍末 1 位 0 得 H

3997、402$\boxed{0}$ 对 $4×10^3$ 求 符补 是

-3、2$\boxed{0}$；h 是 3 位数

3997　　402$\boxed{0}$　　N=4

+

2$\boxed{0}$ × -3=$-6\boxed{0}$，

$60\&10^3=94\boxed{0}$=h、94=H

$(402\boxed{0}-3)×4-1$

$=(3997+2\boxed{0})×4-1=16067\boxed{0}$=Q

3997 × 402=QH=1606794\boxed{0}=1606794

例4 40005×39=?

解： $39×10^3=39\boxed{000}$,

h 舍末 3 位 0 得 H

39$\boxed{000}$、40005 对 $4×10^4$ 求 符补

是 -1000、5；h 为 4 位数

40005　　39$\boxed{00}$　　N=4

+

-1000 × 5=$-50\boxed{00}$，

$5000\&10^4=5\boxed{000}$=h

$(39000+5)×4-1$

$=(40005-1000)×4-1=156019\boxed{0}$=Q

40005 × 39=QH=1560195\boxed{0}=1560195

例5 19987×201=?

解： $201×10^2=201\boxed{00}$,

h 舍末 2 位 0 得 H

19987、201$\boxed{00}$ 对 $2×10^4$ 求 符补

是 -13、$1\boxed{00}$；h 为 4 位数

19987　201$\boxed{00}$　　N=2

$+$

100　×　$-13=-13\boxed{00}$，

$1300\&10^4=87\boxed{00}$=h、H=87

$(19987+1\boxed{00})×2-1$

$=(201\boxed{00}-13)×2-1=40173$=Q

$19987×201=QH=4017387=4017387$

例6. $80032×775=?$

解：$775×10^2=775\boxed{00}$，

h 舍末 2 位 0 得 H

80032、775$\boxed{00}$ 对 $8×10^4$ 求 符补

是 32、$-25\boxed{00}$；h 是 4 位数

80032　775$\boxed{00}$　　N=8

$+$

$-25\boxed{00}$　×　$32=-80\boxed{00}\boxed{00}$，$-8$ 进位；

h=00$\boxed{00}$、H=00

$(775\boxed{00}+32)×8-8=620248$=Q

加进位数 -8

$80032×775=QH=62024800$

$=62024800$

例7 $89985×9018=?$

解：$9018×10^1=9018\boxed{0}$，

---

h 舍末 1 位 0 得 H

89985、9018$\boxed{0}$ 对 $9×10^4$ 求 符补

是 -15、18$\boxed{0}$；h 为 4 位数

89985　9018$\boxed{0}$　　N=9

$+$

180　×　$-15=-270\boxed{0}$，

$270\boxed{0}\&10^4=730\boxed{0}$=h、

H=730

$(89985+18\boxed{0})×9-1$

$=(9018\boxed{0}-15)×9-1=811484$=Q

$89985×9018=QH$

$=811484730=811484730$

例8 $80021×7958=?$

解：$7958×10^1=7958\boxed{0}$，

h 舍末 1 位 0 得 H

7958$\boxed{0}$、80021 对 $8×10^4$ 求 符补

是 -420、21、h 是 4 位数

80021　7958$\boxed{0}$　　N=8

$+$

21　×　$-420=-882\boxed{0}$，

$882\boxed{0}\&10^4=1180$=h，H=118

$(7958\boxed{0}+21)×8-1=636807$=Q

$80021×7958=QH=636807118$

$=636807118$

第六章 幻数

601. 幻数的定义

两位数 ab 乘以一位数(或分子、分母皆为一位数的分数，此时该数必须先除以分母，再乘以分子)，在无进位、无借位的情况下得到两位整数积 cd，称 ab 与 cd 互为幻数。

表 (1) 21 的幻数

积\乘数\被乘数	1/4	1/3	1/2	2/3	3/4	4/3	3/2	2	3	4
21		7		14		28		42	63	84
42		14	21	28		56	63	84	126	168
63		21		42		84		126	189	252
84	21	28	42	56	63	112	126	168	252	336

1. 表 (1) 中的 14=21×2/3=42/3，42/3 有借位；42×4/3=168/3=56：有进借位。

对 21 而言，14,28,126,168,189 等都不是 21 的幻数。

2. 表 (1) 中的 21、42、63、84，它们互为幻数。

3. 表 (1) 中的空格处，积不是整数，省略未填。

602. 幻数的应用

定义 b+c=10，称 ab 与 ac 互为对应数。

ab×ef，ef 是 ab 对应数 ac 的幻数，则 bf 两位数是后积 H；(a+1)e 是前积 Q。

ab×ef=QH

该式不满足乘法交换律，ef 只能作乘数。

例1 29×42=?

解: 29 的对应数是 21，21 与 42 又互为幻数

9×2=18=H，29、42 的个位数相乘，两位数是 H

(2+1)×4=12=Q，29 的十位数 2 加 1 的和乘以 42 的十位数 4，积是 Q

29×42=QH=1218=1218

表(2)　被乘数分别是 29、48、67、86，乘数分别是 21、42、63、84

积 ╲ 乘数 被乘数 ╲	21	42	63	84
29	9×1=09=H (2+1)×2=6=Q 29×21=QH=609	9×2=18=H (2+1)×4=12=Q 29×42=QH=1218	9×3=27=H (2+1)×6=18=Q 29×63=QH=1827	9×4=36=H (2+1)×8=24=Q 29×84=QH=2436
48	8×1=08=H (4+1)×2=10=Q 48×21=QH=1008	8×2=16=H (4+1)×4=20=Q 48×42=QH=2016	8×3=24=H (4+1)×6=30=Q 48×63=QH=3024	8×4=32=H (4+1)×8=40=Q 48×84=QH=4032
67	7×1=07=H (6+1)×2=14=Q 67×21=QH=1407	7×2=14=H (6+1)×4=28=Q 67×42=QH=2814	7×3=21=H (6+1)×6=42=Q 67×63=QH=4221	7×4=28=H (6+1)×8=56=Q 67×84=QH=5628
86	6×1=06=H (8+1)×2=18=Q 86×21=QH=1806	6×2=12=H (8+1)×4=36=Q 86×42=QH=3612	6×3=18=H (8+1)×6=54=Q 86×63=QH=5418	6×4=24=H (8+1)×8=72=Q 86×84=QH=7224

巧 算 整 数 乘 法

例 2　29×63=?

解: 29 的对应数是 21，21 与 63 又互为幻数。

9×3=27=H

(2+1)×6=18=Q

29×63=QH=1827=1827

例 3　29×84=?

解: 29 的对应数是 21，21 与 84 又互为幻数。

9×4=36=H

(2+1)×8=24=Q

29×84=QH=2436=2436

表 (3)　ab 乘以 12 及其幻数

积　乘数 被乘数	12	24	36	48
18	8×2=16=H (1+1)×1=2=Q 18×12=QH=216	8×4=32=H (1+1)×2=4=Q 18×24=QH=432	8×6=48=H (1+1)×3=6=Q 18×36=QH=648	8×8=64=H (1+1)×4=8=Q 18×48=QH=864
26	6×2=12=H (2+1)×1=3=Q 26×12=QH=312	6×4=24=H (2+1)×2=6=Q 26×24=QH=624	6×6=36=H (2+1)×3=9=Q 26×36=QH=936	6×8=48=H (2+1)×4=12=Q 26×48=QH=1248
34	4×2=08=H (3+1)×1=4=Q 34×12=QH=408	4×4=16=H (3+1)×2=8=Q 34×24=QH=816	4×6=24=H (3+1)×3=12=Q 34×36=QH=1224	4×8=32=H (3+1)×4=16=Q 34×48=QH=1632
42	2×2=04=H (4+1)×1=5=Q 42×12=QH=504	2×4=08=H (4+1)×2=10=Q 42×24=QH=1008	2×6=12=H (4+1)×3=15=Q 42×36=QH=1512	2×8=16=H (4+1)×4=20=Q 42×48=QH=2016

表 (4)　ab 乘以 13 及其幻数

积　　乘数 被乘数	13	26	39
17	7×3=21=H (1+1)×1=2=Q 17×13=QH=221	7×6=42=H (1+1)×2=4=Q 17×26=QH=442	7×9=63=H (1+1)×3=6=Q 17×39=QH=663
24	4×3=12=H (2+1)×1=3=Q 24×13=QH=312	4×6=24=H (2+1)×2=6=Q 24×26=QH=624	4×9=36=H (2+1)×3=9=Q 24×39=QH=936
31	1×3=03=H (3+1)×1=4=Q 31×13=QH=403	1×6=06=H (3+1)×2=8=Q 31×26=QH=806	1×9=09=H (3+1)×3=12=Q 31×39=QH=1209

表 (5)　ab 乘以 14 及其幻数

积　　乘数 被乘数	14	28
16	6×4=24=H (1+1)×1=2=Q 16×14=QH=224	6×8=48=H (1+1)×2=4=Q 16×28=QH=448
22	2×4=08=H (2+1)×1=3=Q 22×14=QH=308	2×8=16=H (2+1)×2=6=Q 22×28=QH=616

表 (6)　ab 乘以 31 及其幻数

积　　　乘数 被乘数	31	62	93
39	9×1=09=H (3+1)×3=12=Q 39×31=QH=1209	9×2=18=H (3+1)×6=24=Q 39×62=QH=2418	9×3=27=H (3+1)×9=36=Q 39×93=QH=3627
68	8×1=08=H (6+1)×3=21=Q 68×31=QH=2108	8×2=16=H (6+1)×6=42=Q 68×62=QH=4216	8×3=24=H (6+1)×9=63=Q 68×93=QH=6324
97	7×1=07=H (9+1)×3=30=Q 97×31=QH=3007	7×2=14=H (9+1)×6=60=Q 97×62=QH=6014	7×3=21=H (9+1)×9=90=Q 97×93=QH=9021

表 (7)　ab 乘以 41 及其幻数

积　　　乘数 被乘数	41	82
49	9×1=09=H (4+1)×4=20=Q 49×41=QH=2009	9×2=18=H (4+1)×8=40=Q 97×31=QH=4018
88	8×1=08=H (8+1)×4=36=Q 88×41=QH=3608	8×2=16=H (8+1)×8=72=Q 88×82=QH=7216

603.　有关幻数的提示

（1）23 有幻数 46，69 ；

12 有幻数 24，36，48 ；

32 有幻数 64，96 ；

11，22…99，每个数都有 8 个幻数。

（2）ab 作被乘数，ab 对应数的幻数只能作为乘数。

（3）有的两位数没有幻数，如 15、29 等。

例1 42×12=?

解: 42 的对应数是 48，12 是 48 的幻数

2×2=04=H

(4+1)×1=5=Q

42×12=QH=504=504

例2 39×17=?

解: 乘数 17 没有幻数

用乘法交换律:

39×17=17×39，17 的对应数是 13，39 是 13 的幻数

7×9=63=H

(1+1)×3=6=Q

39×17=17×39=QH=663=663

例3 84×48=?

解: 被乘数 84 对应数是 86，48 不是 86 的幻数

用乘法交换律:

84×48=48×84，48 的对应数 42，84 是 42 的幻数

8×4=32=H

(4+1)×8=40=Q

84×48=48×84=QH=4032=4032

表 (8)　8 个两位数 aa 都有 66 这个幻数

被乘数＼乘数	6	3	2	3/2	6/5	6/7	3/4	2/3
11	66							
22		66						
33			66					
44				66				
55					66			
77						66		
88							66	
99								66

巧 算 整 数 乘 法

19×11　28×22　37×33

46×44　55×55　64×66

73×77　82×88　91×99

这九组算式的乘数被其8个幻数中任一替换后，运算法则不变。

7×9=63=H

(3+1)×9=36=Q

37×99=QH=3663=3663

例5 82×77=?

解：77是88的幻数

2×7=14=H

(8+1)×7=63=Q

82×77=QH=6314=6314

例4 37×99=?

解：99是33的幻数

表(9)　a+b=10，$\underline{ab}$×11；64×$\underline{cc}$；其余空格自填满

积＼乘数＼被乘数	11	22	33	44	55	66	77	88	99
19	9×1=09 (1+1)×1=2 19×11=209								
28	8×1=08 (2+1)×1=3 28×11=308								
37	7×1=07 (3+1)×1=4 37×11=407								

续表

积＼乘数＼被乘数	11	22	33	44	55	66	77	88	99
46	$6 \times 1=06$ $(4+1) \times 1$ $=5$ 46×11 $=506$								
55	$5 \times 1=05$ $(5+1) \times 1$ $=6$ 55×11 $=605$								
64	$4 \times 1=04$ $(6+1) \times 1$ $=7$ 64×11 $=704$	$4 \times 2=08$ $(6+1) \times 2$ $=14$ 64×22 $=1408$	$4 \times 3=12$ $(6+1) \times 3$ $=21$ 64×33 $=2112$	$4 \times 4=16$ $(6+1) \times 4$ $=28$ 64×44 $=2816$	$4 \times 5=20$ $(6+1) \times 5$ $=35$ 64×55 $=3520$	$4 \times 6=24$ $(6+1) \times 6$ $=42$ 64×66 $=4224$	$4 \times 7=28$ $(6+1) \times 7$ $=49$ 64×77 $=4928$	$4 \times 8=32$ $(6+1) \times 8$ $=56$ 64×88 $=5632$	$4 \times 9=36$ $(6+1) \times 9$ $=63$ 64×99 $=6336$
73	$3 \times 1=03$ $(7+1) \times 1$ $=8$ 73×11 $=803$								
82	$2 \times 1=02$ $(8+1) \times 1$ $=9$ 82×11 $=902$								
91	$1 \times 1=01$ $(9+1) \times 1$ $=10$ 91×11 $=1001$								

604. a+b=10 求 $\underline{ab} \times c_{(n)}c$

$\underline{ab}$ 的对应数是 $\underline{aa}$，$\underline{aa}$ 与 $\underline{cc}$ 互为幻数

bc=H，若 H 是一位数在前添 0，

(a+1)c=Q

$c_{(n)}c$ 位数减 $\underline{ab}$ 位数 2 的差是 Ⓩ 的位数，Ⓩ 的每位数都是 c

例 1 $37 \times 55=37 \times 5_{(1)}5=?$

a+b=3+7=10

37 的对应数是 33，55 是 33 的幻数

bc=7×5=35=H

(a+1)c=(3+1)×5=20=Q

37×55=QH=2035=2035

例 2 46×888=?

a+b=4+6=10

46 的对应数是 44，88 是 44 的幻数

bc=6×8=48=H

888 与 46 的位差 3−2=1，1 位 Ⓩ 是中积，即 Ⓩ=8

(a+1)c=(4+1)×8=40=Q

46×888=QⓏH=40848=40848

例 3 46×8888=?

bc=6×8=48=H

88 是 44 的幻数

46×8888=46×8_{(3)}8

8888 与 46 的位差 4−2=2，2 位 8 是中积即 Ⓩ=88

(a+1)c=(4+1)×8=40=Q

46×8888=QⓏH=40848=408848

例 4 $82 \times 3_{(5)}3=?$

a+b=8+2=10

a=8，b=2，c=3

33 是 88 的幻数

bc=2×3=06=H

$3_{(5)}3$ 与 82 的位差 6−2=4，4 位 Ⓩ 是中积即 Ⓩ=3_{(3)}3

(a+1)c=(8+1)×3=27=Q

82×333333=QⓏH=2733330 06

=273_{(3)}306

例 5 $91 \times 5_{(8)}5=?$

a+b=9+1=10

a=9，b=1，c=5

bc=1×5=05=H

$5_{(8)}5$ 与 91 的位差 9−2=7，7 位 5 是中积即 Ⓩ=5_{(6)}5

(a+1)c=(9+1)×5=50=Q

91×5_{(8)}5=QⓏH=50 5_{(6)}5 05=505_{(6)}505

表 (10)　$\underline{ab} \times 6_{(n)}6$　　　　　　　　　　$a+b=10$

积　$6_{(n)}6$ / $\underline{ab}$	n=1 66	n=2 666	n=3 6666	n=4 66666
28	$8 \times 6=48=H$ $(2+1) \times 6=18=Q$ $28 \times 66=1848$	$8 \times 6=48=H$ $6=Z$ $(2+1) \times 6=18=Q$ $28 \times 666=18648$	$8 \times 6=48=H$ $66=Z$ $(2+1) \times 6=18=Q$ $28 \times 6666=186648$	$8 \times 6=48=H$ $666=Z$ $(2+1) \times 6=18=Q$ 28×66666 $=1866648$
37	$7 \times 6=42=H$ $(3+1) \times 6=24=Q$ $37 \times 66=2442$	$7 \times 6=42=H$ $6=Z$ $(3+1) \times 6=24=Q$ $37 \times 666=24624$	$7 \times 6=42=H$ $66=Z$ $(3+1) \times 6=24=Q$ $37 \times 6666=246642$	$7 \times 6=42=H$ $666=Z$ $(3+1) \times 6=24=Q$ 37×66666 $=2466642$
82	$2 \times 6=12=H$ $(8+1) \times 6=54=Q$ $82 \times 66=5412$	$2 \times 6=12=H$ $6=Z$ $(8+1) \times 6=54=Q$ $82 \times 666=54612$	$2 \times 6=12=H$ $66=Z$ $(8+1) \times 6=54=Q$ $82 \times 6666=546612$	$2 \times 6=12=H$ $666=Z$ $(8+1) \times 6=54=Q$ 82×66666 $=5466612$

第七章 乘数为 $1_{(n)}1$

701. $\underline{ab}\cdots \times 11$

1) $\underline{ab} \times 11$

（a）$a+b<10$

$\underline{ab} \times 11 = a(a+b)b$

例1 $54 \times 11 = ?$

解1：$54 \times 11 = a(a+b)b = 5(5+4)4$
$= 594$

解2：$a+\underline{ab}=5+54=59=Q$
$b=4=H$
$54 \times 11 = QH = 594 = 594$

（b）$a+b=10$

$\underline{ab} \times 11 = (a+1)0b$

例1 $37 \times 11 = ?$

解1：$37 \times 11 = (a+1)0b = (3+1)07$
$= 407$

解2：$a+\underline{ab}=Q$，$b=H$

$\underline{ab} \times 11 = QH$

$a+\underline{ab}=3+37=40=Q$，$b=7=H$

$37 \times 11 = QH = 407 = 407$

例2 $91 \times 11 = ?$

解1：$91 \times 11 = (a+1)0b = (9+1)01$
$= 1001$

解2：$a+\underline{ab}=Q$，$b=H$

$\underline{ab} \times 11 = QH$

$a+\underline{ab}=9+91=100=Q$，$b=1=H$

$91 \times 11 = QH = 1001 = 1001$

（c）$a+b>10$

$a+\underline{ab}=Q$，$b=H$，是 $\underline{ab} \times 11 = QH$
通解

例1 68 × 11=?

解： a+ab=6+68=74=Q， b=8=H

68 × 11=QH=748=748

例2 92 × 11=?

解： a+ab=9+92=101=Q， b=2=H

92 × 11=QH=1012=1012

2) abc × 11

（a） a0b × 11=aabb

106 × 11=1166

207 × 11=2277

305 × 11=3355

401 × 11=4411

502 × 11=5522

604 × 11=6644

708 × 11=7788

809 × 11=8899

903 × 11=9933

（b） b+c=10

1+a+ab=Q， 0c=H

例1 128 × 11=?

解： 1+a+ab=1+1+12=14=Q

0c=08=H

128 × 11=QH=1408=1408

例2 128 × 66=?

解： 128 × 66=128 × 11 × 6

=1408 × 6

14 × 6=84=Q

08 × 6=48=H

128 × 66=QH=8448=8448

例3 973 × 11=?

解： 1+a+ab=1+9+97=107=Q

0c=03=H

973 × 11=QH=10703=10703

例4 973 × 88=?

解： 973 × 88=973 × 11 × 8

=10703 × 8

107 × 8=856=Q

03 × 8=24=H

973 × 88=QH=85624=85624

（c）$\underline{abc} \times 11$ 通解公式

$\underline{ab}+\underline{abc}=Q$，$c=H$，$\underline{abc} \times 11=QH$

例1 $689 \times 11=?$

解： $\underline{ab}+\underline{abc}=68+689=757=Q$

$c=9=H$

$689 \times 11=QH=7579=7579$

3）$\underline{abcd} \times 11$

$\underline{abc}+\underline{abcd}=Q$，$d=H$

$\underline{abcd} \times 11=QH$

例1 $2957 \times 11=?$

解： $\underline{abc}+\underline{abcd}=295+2957$

$=3252=Q$，$d=7=H$

$2957 \times 11=QH=32527=32527$

例2 $11^4=?$

解： $11^2=11 \times 11=121$

$11^3=121 \times 11=1331$

$11^4=1331 \times 11=14641$

702. $\underline{ab\cdots} \times 111$ 的通解公式

$\underline{ab\cdots} \times 11=jH$，$jH$ 的末两位数是 H

$\underline{ab\cdots}+j=Q$

$\underline{ab\cdots} \times 111=QH$

例1 $89 \times 111=?$

解1： $89 \times 11=979=jH$

$H=79$，$j=9$

$\underline{ab}+j=89+9=98=Q$

$89 \times 111=QH=9879=9879$

解2： $89 \times 111=89 \times 110+89$

$=9879$

例2 $948 \times 111=?$

解1： $948 \times 11=10428=jH$

$H=28$，$j=104$

$\underline{abc}+j=948+104=1052=Q$

$948 \times 111=QH=105228=105228$

解2： $948 \times 111=948 \times 110+948$

$=105228$

例 3　5073×111=?

解 1：5073×11=55803

H=03，j=558

5073+558=5631=Q

5073×111=QH=563103=563103

解 2：5073×111

=5073×110+5073=563103

例 4　9628×111=?

解 1：9628×11=105908=jH

H=08，j=1059

9628+1059=10687=Q

9628×111=QH=1068708=1068708

解 2：9628×111

=9628×110+9628=1068708

例 5　80015×111=?

解 1：80015×11=jH=880165

H=65，j=8801

80015+8801=88816=Q

80015×111=QH=8881665

=8881665

解 2：80015×111

=80015×110+80015=8881665

例 6.　230146×111=?

解 1：230146×11=2531606=jH

H=06，j=25316

230146+25316=255462=Q

230146×111=QH=25546206

=25546206

解 2：原式

=230146×110+230146

=25546206

解 3：原式=230146×100+230146

　×11=25546206

703.　ab×111

1) ab<91 时 ab×11=ABC，

A、B、C 皆为一位数

（a）A+C=B，AB=Q，BC=H

ab×111=QH

例 1　43×111=?

解 1：43×11=473=ABC，

A+C=7=B

AB=47=47=Q，BC=73=H

43×111=QH=4773=4773

解2：4+3≤9，ab×111

=a(a+b)(a+b)b

43×11=4(4+3)(4+3)3=4773

例2 54×111=?

解1：54×11=594，A+C=9=B

59=59=Q，H=94

54×111=QH=5994=5994

解2：5+4=9≤9

54×111=a(a+b)(a+b)b=5994

递推：54×1$_{(n)}$1=59$_{(n-1)}$94

（b）A+C≠B

1+AB=Q，BC=H

ab×111=QH

例1 49×111=?

解1：49×11=539

5+9≠3

1+AB=1+53=54=Q，H=39

49×111=QH=5439=5439

解2：49×11=539

5+9≠3

A+ab=5+49=54=Q，H=39

49×111=QH=5439=5439

解3：49×11=539

5+9=14，4 与 39 组成 439=H

1 进位

4+1=5=Q

49×111=QH=5439=5439

例2 87×111=?

解1：87×11=957，9+7=16≠5

1+95=96=Q，H=57

87×111=QH=9657=9657

解2：87×11=957

9+87=96=Q，H=57

87×111=QH=9657=9657

解3：87×11=957

9+7=16，6 与 57 组成 657=H

1 进位

8+1=9=Q

87×111=QH=9657=9657

解4 ：$87 \times 11 = 957$

$H = 57$，$j = 9$

$87 + j = 96 = Q$

$87 \times 111 = QH = 9657 = 9657$

解5 ：87×111

$= 87 \times 100 + 87 \times 11 = 9657$

2）$\underline{ab} \times 111$　（$\underline{ab} \geqslant 91$）

例1 $92 \times 111 = ?$

解1 ：$\underline{ab} \times 11 = \underline{ABCD}$，$\underline{CD} = H$

$A + \underline{ABC} = Q$

$92 \times 11 = 1012 = \underline{ABCD}$，$\underline{CD} = 12 = H$

$A + \underline{ABC} = 1 + 101 = 102 = Q$

$92 \times 111 = QH = 10212 = 10212$

解2 ：$92 \times 11 = 1012 = \underline{ABCD}$

$B + D = 0 + 2 = 2$，2 与 $\underline{CD} = 12$ 组成

$212 = H$

$\underline{AB} = 10 = Q$

$92 \times 111 = QH = 10212 = 102_{(0)}212$

递推：$92 \times 1_{(n)}1 = 102_{(n-2)}212$（$n > 2$）

例2 $96 \times 111 = ?$

解1 ：$96 \times 11 = 1056 = \underline{ABCD}$

$\underline{CD} = 56 = H$

$A + \underline{ABC} = 1 + 105 = 106 = Q$

$96 \times 111 = QH = 10656 = 10656$

解2 ：$96 \times 11 = 1056$

$0 + 6 = 6$，6 与 56 组成 $656 = H$

$10 = Q$

$96 \times 111 = QH = 10656 = 10656$

$91 \times 111 = 10101$

$91 \times 1_{(n)}1 = 101_{(n-2)}101$

$92 \times 111 = 10212$

$92 \times 1_{(n)}1 = 102_{(n-2)}212$

$93 \times 111 = 10323$

$93 \times 1_{(n)}1 = 103_{(n-2)}323$

$94 \times 111 = 10434$

$94 \times 1_{(n)}1 = 104_{(n-2)}434$

$95 \times 111 = 10545$

$95 \times 1_{(n)}1 = 105_{(n-2)}545$

$96 \times 111 = 10656$

$96 \times 1_{(n)}1 = 106_{(n-2)}656$

$97 \times 111 = 10767$

$97 \times 1_{(n)}1 = 107_{(n-2)}767$

$98 \times 111 = 10878$

$98 \times 1_{(n)}1 = 108_{(n-2)}878$

$99 \times 111 = 10989$

$99 \times 1_{(n)}1 = 109_{(n-2)}989$

704. <u>abc</u>×111 (a≠9, b+c=10)

（a） <u>abc</u>×11=<u>AB</u><u>CD</u>，A+C=B+D

<u>ABA</u>=Q、<u>CD</u>=H

例1 191×111=?

解1：191×11=2101=<u>AB</u><u>CD</u>

A+C=2=B+D，b+c=9+1=10

<u>ABA</u>=212=Q，<u>CD</u>=01=H

191×111=QH=21201=21201

解2：191×11=2101

B+D=2，2与<u>CD</u>=01组成201=H

<u>AB</u>=21=Q

191×111=QH=21201=21201

解3：<u>AB</u>=21=Q，B+D=1+1=②=☑，<u>CD</u>=01=H

191×111=Q☑H=21201=21201

例2 373×111=?

解1：373×11=4103=<u>AB</u><u>CD</u>

<u>ABA</u>=414=Q，<u>CD</u>=03=H

373×111=QH=41403=41403

解2：373×11=4103

B+D=4，4与<u>CD</u>=03组成403=H

<u>AB</u>=41=Q

373×111=QH=41403=41403

解3：<u>AB</u>=41=Q

B+D=1+3=④=☑，<u>CD</u>=03=H

373×111=Q☑H=41403=41403

例3 828×111=?

解1：828×11=9108=<u>AB</u><u>CD</u>

<u>ABA</u>=919=Q，<u>CD</u>=08=H

828×111=QH=91908=91908

解2：828×11=9108=<u>AB</u><u>CD</u>

B+D=1+8=9 与08组成908=H

<u>AB</u>=91=Q

828×111=QH=91908=91908

解3：828×11=9108=<u>AB</u><u>CD</u>

<u>AB</u>=91=Q，B+D=1+8=⑨=☑，

<u>CD</u>= 08=H

828×111=Q☑H=91908=91908

综上：a+b=10(a ≤ 8)

<u>aba</u>×111=(a+1)1(a+1)0a

例 4 $291 \times 111 = ?$

解 1： $291 \times 11 = 3201 = \underline{AB}\underline{CD}$

$\underline{ABA} = 323 = Q$，$\underline{CD} = 01 = H$

$291 \times 111 = QH = 32301 = 32301$

解 2： $291 \times 11 = 3201 = \underline{AB}\underline{CD}$

$B+D = 2+1 = 3$ 与 $\underline{CD} = 01$ 组成 $301 = H$

$\underline{AB} = 32 = Q$

$291 \times 111 = QH = 32301 = 32301$

例 5 $455 \times 111 = ?$

解 1： $455 \times 11 = 5005 = \underline{AB}\underline{CD}$

$\underline{ABA} = 505 = Q$，$\underline{CD} = 05 = H$

$455 \times 111 = QH = 50505 = 50505$

解 2： $455 \times 11 = 5005 = \underline{AB}\underline{CD}$

$B+D = 0+5 = 5$ 与 $\underline{CD} = 05$ 组 成 $505 = H$

$\underline{AB} = 50 = Q$

$455 \times 111 = QH = 50505 = 50505$

例 6. $882 \times 111 = ?$

解 1： $882 \times 11 = 9702 = \underline{AB}\underline{CD}$

$\underline{ABA} = 979 = Q$，$\underline{CD} = 02 = H$

$882 \times 111 = QH = 97902 = 97902$

解 2： $882 \times 11 = 9702 = \underline{AB}\underline{CD}$

$\underline{AB} = 97 = Q$

$B+D = 7+2 = 9$，9 与 $\underline{CD} = 02$ 组 成 $902 = H$

$882 \times 111 = QH = 97902 = 97902$

（b） $\underline{abc} \times 11 = \underline{AB}\underline{CD}$，$A+C \neq B+D$

$\underline{AB}(A+1) = Q$，$\underline{CD} = H$

例 1 $519 \times 111 = ?$

解 1： $519 \times 11 = 5709 = \underline{AB}\underline{CD}$

$\underline{AB}(A+1) = 57(5+1) = 576 = Q$

$\underline{CD} = 09 = H$

$519 \times 111 = QH = 57609 = 57609$

解 2： $519 \times 11 = 5709 = \underline{AB}\underline{CD}$

$\underline{AB} = 57 = Q$

$A+1 = 5+1 = 6$，6 与 $\underline{CD} = 09$ 组 成 $609 = H$

$519 \times 111 = QH = 57609 = 57609$

例 2 $628 \times 111 = ?$

解 1： $628 \times 11 = 6908 = \underline{AB}\underline{CD}$

$\underline{AB}(A+1) = 69(6+1) = 697 = Q$

$\underline{CD} = 08 = H$

628×111=QH=69708=69708

解2: 628×11=6908=ABCD

AB=69=Q

A+1=6+1=7, 7 与 CD=08 组 成 708=H

628×111=QH=69708=69708

例3 437×111=?

解1: 437×11=4807=ABCD

AB(A+1)=48(4+1)=485=Q

CD=07=H

437×111=QH=48507=48507

解2: 437×11=4807=ABCD

AB=48

A+1=4+1=5, 5 与 CD=07 组成 507=H

437×111=QH=48507=48507

例4 173×111=?

解1: 173×11=1903=ABCD

AB(A+1)=19(1+1)=192=Q

CD=03=H

173×111=QH=19203=19203

解2: 173×11=1903=ABCD

A+1=1+1=2, 2 与 03 组成 203=H

AB=19=Q

173×111=QH=19203=19203

705. abc×111 (a=9, b+c=10)

abc×11=ABCDE, a=9

b+c=10

AB+ABCD=Q、DE=H

例1 919×111=?

解1: 919×11=10109=ABCDE

AB+ABCD=1020=Q、DE=09=H

919×111=QH=102009=102009

解2: 919×11=10109=ABCDE

BDE=009=H

1+ABC=1+101=102=Q

219×111=QH=102009=102009

例2 937×111=?

解1: 937×11=10307=ABCDE

AB+ABCD=1040=Q、DE=07=H

937×111=QH=104007=104007

解2： $937 \times 11=10307=\underline{ABC}\underline{DE}$

$\underline{BDE}=007=H$

$A+\underline{ABC}=1+103=104=Q$

$937 \times 111=QH=104007=104007$

例3 $946 \times 111=?$

解1： $946 \times 11=10406=\underline{ABC}\underline{DE}$

$\underline{AB}+\underline{ABC}\underline{D}=1050=Q$，$\underline{DE}=06=H$

$946 \times 111=QH=105006=105006$

解2： $946 \times 11=10406=\underline{ABC}\underline{DE}$

$\underline{BDE}=006=H$

$A+\underline{ABC}=1+104=105=Q$

$946 \times 111=QH=105006=105006$

例4 $955 \times 111=?$

解1： $955 \times 11=10505=\underline{ABC}\underline{DE}$

$\underline{AB}+\underline{ABC}\underline{D}=1060=Q$，$\underline{DE}=05=H$

$955 \times 111=QH=106005=106005$

解2： $955 \times 11=10505=\underline{ABC}\underline{DE}$

$\underline{BDE}=005=H$

$A+\underline{ABC}=1+105=106=Q$

$955 \times 111=QH=106005=106005$

例5： $973 \times 111=?$

解1： $973 \times 11=10703=\underline{ABC}\underline{DE}$

$\underline{AB}+\underline{ABC}\underline{D}=1080=Q$，$\underline{DE}=03=H$

$973 \times 111=QH=108003=108003$

解2： $973 \times 11=10703=\underline{ABC}\underline{DE}$

$\underline{BDE}=003=H$

$A+\underline{ABC}=1+107=108=Q$

$973 \times 111=QH=108003=108003$

例6： $991 \times 111=?$

解1： $991 \times 11=10901=\underline{ABC}\underline{DE}$

$\underline{AB}+\underline{ABC}\underline{D}=1100=Q$，$\underline{DE}=01=H$

$991 \times 111=QH=110001=110001$

解2： $991 \times 11=10901=\underline{ABC}\underline{DE}$

$\underline{BDE}=001=H$

$A+\underline{ABC}=1+109=110=Q$

$991 \times 111=QH=110001=110001$

解3： $991 \times 11=10901$

$H=01$，$j=109$

$\underline{abc}+j=991+109=1100$，

$991 \times 111=QH=110001=110001$

解4： 991×111

$=991 \times 110+991=110001$

706. abc×111　(b+c≠10)

1) abc×11=ABCD

（abc<910）

（a）A+C=B+D

A+ABC=Q，CD=H

abc×111=QH

例1 231×111=?

解1：231×11=2541=ABCD

A+C=B+D=6

A+ABC=2+254=256=Q

CD=41=H

231×111=QH=25641=25641

解2：abc×11=ABCD

A+C=B+D，AB=Q

B+D 的个位数与 CD 组成三位数

为 H，十位数进位

231×11=2541=ABCD

A+C=B+D=6，6 与 CD=41 组 成

641=H

AB=25=Q

231×111=QH=25641=25641

例2 199×111=?

解1：199×11=2189=ABCD

A+C=B+D=10

A+ABC=2+218=220=Q

CD=89=H

199×111=QH=22089=22089

解2：abc×11=ABCD

199×11=2189=ABCD

A+C=B+D=10，0 与 CD=89 组成

089=H，1 进位

1+AB=1+21=22=Q

199×111=QH=22089=22089

例3 306×111=?

解1：306×11=3366，3+6=3+6

66=H、3+336=339=Q

306×111=QH=33966=33966

解2：306×11=3366，3+6=3+6

Q=33、3+6=9 与 66 组成 966=H

306×111=QH=33966=33966

例3 598×111=?

解1：598×11=6578=ABCD

A+C=B+D

CD=78=H

A+ABC=6+657

=663=Q

598×111=QH=66378=66378

解2： 598×11=6578

A+C=B+D=13，3 与 78 组成 378

=H，1 进位

65+1=66=Q

598×111=QH=66378=66378

例4 **789×111=?**

解1： 789×11=8679

A+C=B+D，H=79

8+867=875 =Q

789×111=QH=87579=87579

解2： 789×11=8679

B+D=15，5 与 79 组成 579=H

1 进位

86+1=87=Q

789×111=QH=87579=87579

解3： 789×11=8679=jH

H=79，j=86

789+86=875=Q

789×111=QH=87579=87579

解4： 789×11=8679=jH

H=79，j=86

789+86=875=Q

789×111=QH=87579=87579

（b）A+C≠B+D

A+A̲B̲C̲−1=Q，C̲D̲=H

例1 **745×111=?**

解1： 745×11=8195=A̲B̲C̲D̲

A+C≠B+D

A+A̲B̲C̲−1=8+819−1=826=Q

C̲D̲=95=H

745×111=QH=82695=82695

解2： a̲b̲c̲×11=A̲B̲C̲D̲

B+D 的个位数与 C̲D̲ 组成三位

数 H

1+A̲B̲=Q，a̲b̲c̲×111=QH

745×11=8195，

1+5=6，6 与 C̲D̲=95 组成 695=H

1+A̲B̲=1+81=82=Q

745×111=QH=82695=82695

例2 **871×111=?**

解1： 871×11=9581

9+8≠5+1=6

9+958−1=966=Q，H=81

871×111=QH=96681=96681

解2：871×11=9581

5+1=6，6 与 81 组成 681=H

1+95=96=Q

871×111=QH=96681=96681

解3：871×11=9581=jH

H=81，j=95

871+95=966=Q

871×111=QH=96681=96681

解4：871×111

=871×110+871=96681

2) abc×11=ABCDE

(abc≥ 910)

（a）A+C+E=B+D

则 AB+ABCDE−1=Q，DE=H

例1 912×111=?

解1：912×11=10032=ABCDE

A+C+E=B+D=3，DE=32=H

AB+ABCD−A=10+1003−1=1012

=Q

912×111=QH=101232=101232

解2：912×11=10032=ABCDE

C+E=2，2 与 DE=32 组成 232=H

A+ABC=1+100=101=Q

912×111=QH=101232=101232

例2 963×111=?

解1：963×11=10593=ABCDE

A+C+E=B+D=9，DE=93=H

AB+ABCD−A=10+1059−1=1068

=Q

963×111=QH=106893=106893

解2：963×11=10593=ABCDE

C+E=5+3=8，8 与 DE=93 组 成

893=H

A+ABC=1+105=106=Q

963×111=106893=106893

例3 981×111=?

解1：981×11=10791=ABCDE

DE=91=H

AB+ABCD−1=10+1079−1=1088

=Q

981×111=QH=108891=108891

解2： $981 \times 11 = 10791 = \underline{ABCDE}$

$A + \underline{ABC} = 1 + 107 = 108 = Q$

$C + E = 7 + 1 = 8$，8 与 $\underline{DE} = 91$ 组成

$891 = H$

$981 \times 111 = \underline{QH} = 108891 = 108891$

（b）$A + C + E \neq B + D$

则 $\underline{AB} + \underline{ABCD} = Q$，$\underline{DE} = H$

例1 $958 \times 111 = ?$

解1： $958 \times 11 = 10538 = \underline{ABCDE}$

$A + C + E \neq B + D$，$\underline{DE} = 38 = H$

$\underline{AB} + \underline{ABCD} = 10 + 1053 = 1063 = Q$

$958 \times 111 = \underline{QH} = 106338 = 106338$

解2： $958 \times 11 = 10538 = \underline{ABCDE}$

$C + E = 5 + 8 = 13$，3 与 $\underline{DE} = 38$ 组成

$H = 338$，1 进位

$1 + \underline{AB} = 1 + 105 = 106 = Q$

$958 \times 111 = \underline{QH} = 106338 = 106338$

例2 $964 \times 111 = ?$

解1： $964 \times 11 = 10604 = \underline{ABCDE}$

$\underline{DE} = 04 = H$

$\underline{AB} + \underline{ABCD} = 10 + 1060 = 1070 = Q$

$964 \times 111 = \underline{QH} = 107004 = 107004$

解2： $964 \times 11 = 10604 = \underline{ABCDE}$

$6 + 4 = 10$，0 与 04 组成 $004 = H$

1 进位

$1 + \underline{ABC} = 1 + 106 = 107 = Q$

$964 \times 111 = \underline{QH} = 107004 = 107004$

例3 $979 \times 111 = ?$

解1： $979 \times 11 = 10769$，$H = 69$

$10 + 1076 = 1086 = Q$

$979 \times 111 = \underline{QH} = 108669 = 108669$

解2： $979 \times 11 = 10769 = \underline{ABCDE}$

$7 + 9 = 16$，6 与 69 组成 $669 = H$

1 进位

$1 + \underline{AB} = 1 + 107 = 108 = Q$

$979 \times 111 = \underline{QH} = 108669 = 108669$

例4 $998 \times 111 = ?$

解1： $998 \times 11 = 10978$，$H = 78$

$10 + 1097 = 1107 = Q$

$998 \times 111 = \underline{QH} = 110778 = 110778$

解2： $998 \times 11 = 10978$

$9 + 8 = 17$，7 与 78 组成 $778 = H$

1 进位

1+<u>109</u>=110=Q

998×111=QH=110778=110778

解3: 998×11=10978=jH

78=H, 109=j

998+109=1107=Q

998×111=QH=110778=110778

解4: 998×111

=998×110+998=110778

解5: 998×111

=998×100+998×11=110778

*<u>90b</u>×111=<u>100(b−1)bb</u>, b>0

901×111=100011; 901×11=9911

902×111=100122; 902×11=9922

903×111=100233; 903×11=9933

904×111=100344; 904×11=9944

905×111=100455; 905×11=9955

906×111=100566; 906×11=9966

907×111=100677; 907×11=9977

908×111=100788; 908×11=9988

909×111=100899; 909×11=9999

707. <u>abcd</u>×111

（a） <u>a00a</u>×111

例1 1001×111=?

解1: 1001×11=11011=jH

H=11, j=110

<u>abcd</u>+j=1001+110=1111=Q

1001×111=QH=111111=111111

解2: 1001×111

=1001×110+1001=111111

例2 5005×111=?

解1: 5005×11=55055

H=55, j=550

<u>abcd</u>+j=5005+550=5555=Q

5005×111=QH=555555=555555

解2: 5005×111

=5005×110+5005=555555

例3 9009×111=?

解1: 9009×11=99099

H=99, j=990

<u>abcd</u>+j=9009+990=9999=Q

$9009 \times 111 = QH = 999999 = 999999$

解2： 9009×111

$= 9009 \times 110 + 9009 = 999999$

（b） $\underline{M00N} \times 111$

例1 $6002 \times 111 = ?$

解1： $6002 \times 11 = 66022 = jH$

$H = 22$，$j = 660$

$\underline{abcd} + j = 6002 + 660 = 6662 = Q$

$6002 \times 111 = QH = 666222 = 666222$

解2： 6002×111

$= 6002 \times 110 + 6002 = 666222$

例2 $8009 \times 111 = ?$

解1： $8009 \times 11 = 88099 = jH$

$H = 99$，$j = 880$

$\underline{abcd} + j = 8009 + 880 = 8889 = Q$

$8009 \times 111 = QH = 888999 = 888999$

解2： 8009×111

$= 8009 \times 110 + 8009 = 888999$

例3 $9008 \times 111 = ?$

解1： $9008 \times 11 = 99088 = jH$

$H = 88$，$j = 990$

$\underline{abcd} + j = 9008 + 990 = 9998 = Q$

$9008 \times 111 = QH = 999888 = 999888$

解2： 9008×111

$= 9008 \times 110 + 9008 = 999888$

$\underline{M00N} \times 111 = \underline{MMMNNN}$

$0 < M < 10$，$0 < N < 10$

（c） $c + d = 10$

例1 $1237 \times 111 = ?$

解： $1237 \times 11 = 13607$，$H = 07$

$1 + \underline{ab} + \underline{ABCD} = 1 + 12 + 1360 = 1373 = Q$

$1237 \times 111 = QH = 137307 = 137307$

例2 $5264 \times 111 = ?$

解： $5264 \times 11 = 57904$，$H = 04$

$1 + \underline{ab} + \underline{ABCD} = 1 + 52 + 5790 = 5843 = Q$

$5264 \times 111 = QH = 584304 = 584304$

例 3 8173×111=?

解：8173×11=89903，H=03

1+ab+ABCD=1+81+8990=9072=Q

8173×111=QH=907203=907203

例 4 9091×111=?

解：9091×11=100001=ABCDEF

H=01

1+ab+ABCDE=1+90+10000

=10091=Q

9091×111=QH=1009101=1009101

例 5 9846×111=?

解 1：9846×11=108306，H=06

1+ab+ABCDE=1+98+10830=10929

=Q

9846×111=QH=1092906=1092906

解 2：9846×11=108306=jH

H=06，j=1083

abcd+j=9846+1083=10929=Q

9846×111=QH=1092906= 1092906

解 3：9846×111

=9846×110+9846=1092906

（d） abcd×111

例 1 4321×111=?

解 1：4321×11=47531=jH

H=31，j=475

abcd+j=4321+475=4796=Q

4321×111=QH=479631=479631

解 2：4321×111

=4321×110+4321

=475310+4321=479631

例 2 8999×111=?

解 1：8999×11=98989=jH

H=89，j=989

abcd+j=8999+989=9988=Q

8999×111=QH=998889=998889

解 2：8999×111

=8999×110+8999=998889

例 3 9869×111=?

解 1：9869×11=108559=jH

H=59，j=1085

9869+j=9869+1085=10954=Q

$9869 \times 111 = QH = 1095459 = 1095459$

解2：9869×111

$= 9869 \times 110 + 9869 = 1095459$

708.　$\underline{ab} \cdots \times 1111$ 的通解公式

1) $\underline{ab} \times 11$ 是三位数 $\underline{ABC}$ ($\underline{ab} < 91$)

$\underline{ab} \times 11 = jH$，H 是两位数，j 进位

$jH + j = Q$，$\underline{ab} \times 1111 = QH$

例1 $35 \times 1111 = ?$

解1：$\underline{ab} \times 11 = 35 \times 11 = 385 = jH$

$H = 85$，$j = 3$ 进位

$jH + j = 385 + 3 = 388 = Q$

$35 \times 1111 = QH = 38885$

$= 38885$

解2：$a + b = 3 + 5 = 8 \leqslant 9$

35×1111

$= a(a+b)(a+b)(a+b)b = 38885$

递推：$35 \times 1_{(n)}1 = 38_{(n-1)}85$

解3：$\underline{ab} \times 11 = \underline{ABC}$，A,B,C 皆是一位数

A+C 的个位数与 $\underline{BC}$ 组成 H

十位数进位

$\underline{AB}$ 加进位数是前积 Q

$\underline{ab} \times 11 = 35 \times 11 = 385 = \underline{ABC}$

A+C=3+5=8，8 与 $\underline{BC}$=85 组成

885=H

$\underline{AB} = 38 = 38 = Q$

$35 \times 1111 = 35 \times 1_{(3)}1 = QH = 38885$

$= 38885$

解4：$\underline{ab} \times 11 = 35 \times 11 = 385$

$= \underline{ABC}$

A=3=Q，$A + \underline{BC} = 3 + 85 = $ 88 $= \underline{Z}$，

$\underline{BC} = 85 = H$

$35 \times 1111 = 35 \times 1_{(3)}1 = Q\underline{Z}H = 38885$

$= 38885$

解5：35×1111

$= 35 \times 1100 + 35 \times 11 = 38885$

例2 $89 \times 1111 = ?$

解1：$89 \times 11 = 979 = jH$，H=79

j=9

$jH + j = 979 + 9 = 988 = Q$

$89 \times 1111 = QH = 98879 = 98879$

解2：89×11=979=ABC

9+9=18，8 与 79 组成 879=H

1 进位

1+97=98=Q

89×1111=QH=98879=98879

解3：89×11=979=ABC

A=9=Q，A+BC=9+79=88=Z

BC=79=H

89×1111=QZH=98879=98879

解4：89×1111

=89×1100+89×11=98879

2) ab×11 是四位数 ABCD

（ab ≥ 91）

例1 91×1111=?

解1：91×11=1001=jH

H=01，j=10

jH+j=1001+10=1011=Q

91×1111=QH=101101=101101

解2：91×11=1001=ABCD

B+D=0+1=1，1 与 CD=01 组成

101=H

A+ABC=1+100=101=Q

91×1111=101101=101101

解3：91×11=1001

CD=01=H，AB+CD=10+01

=11=Z，Q=10

91×1111=QZH=101101=101101

解4：91×1111

=91×1100+91×11=101101

例2 96×1111=?

解1：97×11=1056=jH

H=56，j=10

jH+j=1056+10=1066=Q

96×1$_{(3)}$1=QH=106656=106656

解2：96×11=1056

0+6=6，6 与 56 组成 656=H

1+105=106=Q

96×1111=QH=106656=106656

解3：96×11=1056

H=56，10+56=66=Z，Q=10

96×1111=QZH=106656=106656

解4：原式 =96×1100+96×11

=106656

递推：$96 \times 1_{(n)}1 = 106_{(n-2)}656$

709. $\underline{abc} \times 1111$

1) $\underline{abc} \times 11$ 是四位数 $\underline{ABCD}$

($\underline{abc} < 910$)

例 1 $512 \times 1111 = ?$

解 1：$512 \times 11 = 5632 = jH$，末两位数 $H = 32$，$j = 56$

$jH + j = 5632 + 56 = 5688 = Q$

$512 \times 1_{(3)}1 = QH = 568832 = 568832$

$= 568_{(1)}832$

解 2：$512 \times 11 = 5632 = \underline{ABCD}$

$B + D = 6 + 2 = 8$，8 与 $\underline{CD} = 32$ 组成 $832 = H$

$A + \underline{ABC} = 5 + 563 = 568 = Q$

$512 \times 1_{(3)}1 = QH = 568832 = 568_{(1)}832$

解 3：$512 \times 11 = 5632 = \underline{ABCD}$

$\underline{CD} = 32 = H$

$\underline{AB} + \underline{CD} = 56 + 32 = 88 = Z$

$\underline{AB} = 56 = Q$

$512 \times 1111 = QZH = 568832$

$= 568832$

解 4：512×1111

$= 512 \times 1100 + 512 \times 11 = 568832$

递推：$512 \times 1_{(n)}1 = 568_{(n-2)}832 \ (n \geqslant 3)$

例 2 $519 \times 1111 = ?$

解 1：$519 \times 11 = 5709$

$H = 09$，$j = 57$ 进位

$jH + j = 5709 + 57 = 5766 = Q$

$519 \times 1111 = QH = 576609 = 576609$

解 2：$519 \times 11 = 5709 = \underline{ABCD}$

$7 + 9 = 16$，6 与 09 组成 $609 = H$

1 进位

$1 + A + \underline{ABC} = 1 + 5 + 570 = 576 = Q$

$519 \times 1111 = QH = 576609 = 576609$

解 3：$519 \times 11 = 5709$，$H = 09$

$57 + 09 = 66 = Z$，$Q = 57$

$519 \times 1111 = QZH = 576609 = 576609$

解 4：519×1111

$= 519 \times 1100 + 519 \times 11 = 576609$

例 3 $499 \times 1111 = ?$

解 1：$499 \times 11 = 5489 = jH$

$H = 89$，$j = 54$

$jH+j=5489+54=5543=Q$

$499×1111=QH=554389=554389$

解2: $499×11=5489=AB\underline{CD}$

$4+9=13$，3 与 89 组成 $389=H$

1 进位

$1+5+548=554=Q$

$499×1111=QH=554389=554389$

解3: $499×11=5489=AB\underline{CD}$

$H=89$

$54+89=143$，$Z=43$，1 进位

$1+54=55=Q$

$499×1111=QH=554389=554389$

例4 $901×1111=?$

解1: $901×11=9911=jH$

$H=11$，$j=99$

$jH+j=9911+99=10010=Q$

$901×1111=QH=1001011=1001011$

解2: $901×11=9911$

$9+1=10$，0 与 11 组成 $011=H$

1 进位

$99+11=110$，$Z=10$，1 进位

$1+9+991=1001=Q$

$901×1111=QH=1001011=1001011$

解3: $901×11=9911$，$H=11$

$99+11=110$，$Z=10$，1 进位

$1+99=100=Q$

$901×1111=QZH$

$=1001011=1001011=1001_{(0)}1011$

解4: $901×1111$

$=901×1100+901×11$

$=1001_{(0)}1011$

递推: $901×1_{(n)}1=1001_{(n-3)}1011$

2)abc×11 是五位数 ABCDE (abc ≥ 910)

$A+C+E=B+D$

例1 $923×1111=?$

解1: $923×11=10153$

$H=53$，$j=101$

$jH+j=10153+101=10254=Q$

$923×1111=QH=1025453=1025453$

解2: $923×11=10153=ABCDE$

$C+E=1+3=4$，4 与 $DE=53$ 组成 453 为 H

$AB+ABCD=10+1015=1025=Q$

$919×1111=QH=1025453=1025453$

解3：923×11=10153=$\underline{ABCDE}$

53=H，$\underline{BC}$+$\underline{DE}$=01+53=$\boxed{54}$=$\boxed{Z}$

A+$\underline{ABC}$=1+101=102=Q

923×1111=QH=102$\boxed{54}$53=1025453

解4：923×1111

=923×1100+923×11=1025453

例2 919×1111=?

解1：919×11=10109=jH

H=09，j=101

jH+j=10109+101=10210=Q

919×1111=QH=1021009=1021009

解2：919×11=10109=$\underline{ABCDE}$

C+E=1+9=10，0 与 $\underline{DE}$=09 组成

009 为 H，1 进位

1+$\underline{AB}$+$\underline{ABCD}$=10+1021=1021=Q

919×1111=QH=1021009=1021009

解3：919×11=10109=$\underline{ABCDE}$

H=09，01+09=$\boxed{10}$=$\boxed{Z}$

A+$\underline{ABC}$=1+101=102=Q

919×1111=Q$\boxed{Z}$H=102$\boxed{10}$009=1021009

解4：919×1111

=919×1100+919×11=1021009

例3 998×1111=?

解1：998×11=10978=jH

H=78，j=109

jH+j=10978+109=11087=Q

998×1111=QH=1108778=1108778

解2：998×11=10978

9+8=17，7 与 78 组成 778=H

1 进位

1+10+1097=1108=Q

998×1111=QH=1108778=1108778

解3：998×11=10978

H=78，09+78=$\boxed{87}$=$\boxed{Z}$

1+109=110=Q

998×1111=Q$\boxed{Z}$H=110$\boxed{8}$778=1108778

解4：998×1111

=998×1100+998×11=1108778

递推：998×1$_{(n)}$1=1108$_{(n-3)}$8778 (n≥3)

*$\underline{80N}$×1$_{(3)}$1 的规律 (1 ≤ N ≤ 9)

801×1$_{(3)}$1=QH=889911

802×1$_{(3)}$1=QH=891022

803×1$_{(3)}$1=QH=892133

804×1$_{(3)}$1=QH=893244

805×1$_{(3)}$1=QH=894355

806×1$_{(3)}$1=QH=895466

807 × $1_{(3)}1$=QH=896577

808 × $1_{(3)}1$=QH=897688

809 × $1_{(3)}1$=QH=898799

710. abcd… × 1111

例1 5029 × 1111=?

解1：5029 × 11=55319=jH

H=19，j=553

jH+j=55319+553=55872=Q

5029 × 1111=QH=5587219

=5587219

解2：5029 × 11=55319

3+9=12，2 与 19 组成 219=H

1 进位

55+5531+1=5587=Q

5029 × 1111=QH=5587219

=5587219

解3：5029 × 11=55319

H=19，53+19=72=Z

5+553=558=Q

5029 × 1111=QZH=5587219

=5587219

解4：5029 × 1111

=5029 × 1100+ 5029 × 11

=5587219

例2 12345 × 1111=?

解1：12345 × 11=135795=jH

H=95，j=1357

jH+j=135795+1357=137152=Q

12345 × 1111=QH=13715295

=13715295

解2：12345 × 11=135795

7+5=12，2 与 95 组成 295=H

1 进位

135+13579+1=13715=Q

12345 × 1111=QH=13715295

=13715295

解3：12345 × 11=135795

H=95，57+95=152，Z=52

1 进位

13+1357+1=1371=Q

12345 × 1111=QZH=13715295

=13715295

解4：12345 × 1111

=12345 × 1100+12345 × 11

106

=13715295

例 3　$123456 \times 1111 = ?$

解 1：$123456 \times 11 = 1358016$

$= jH$，$H = 16$，$j = 13580$

$jH + j = 1358016 + 13580 = 1371596 = Q$

$123456 \times 1111 = QH = 137159616$

$= 137159616$

解 2：$123456 \times 11 = 1358016$

$0 + 6 = 6$，6 与 16 组成 $616 = H$

$1358 + 135801 = 137159 = Q$

$123456 \times 1111 = QH = 137159616$

$= 137159616$

解 3：$123456 \times 11 = 1358016$

$H = 16$，$80 + 16 = 96 = Z$

$135 + 13580 = 13715 = Q$

$123456 \times 1111 = QZH = 137159616$

$= 137159616$

解 4：123456×1111

$= 123456 \times 1100 + 123456 \times 11$

$= 137159616$

711.　$\underline{ab} \times 1_{(n)}1(n \geqslant 1)$

（a）$36 \times 11 = 396$

$3 + 6 = 9$，9 是 36×111 的中积

$36 \times 111 = 3996$

$36 \times 1111 = 39996$

$36 \times 11111 = 399996$

$36 \times 111111 = 3555596$

$36 \times 1111111 = 39999996$

$36 \times 11111111 = 399999996$

（b）$68 \times 11 = 748$

$7 + 8 = 15$，5 是 68×111 的中积

$68 \times 111 = 7548$

$68 \times 1111 = 75548$

$68 \times 11111 = 755548$

$68 \times 111111 = 7555548$

$68 \times 1111111 = 75555548$

$68 \times 11111111 = 755555548$

（c）$89 \times 11 = 979$

$9 + 9 = 18$，8 是 89×111 的中积

$89 \times 111 = 9879$

$89 \times 1111 = 98879$

$89 \times 11111 = 988879$

$89 \times 111111 = 9888879$

（d） $91 \times 11 = 1001$

$0+1=1$，1 是 91×111 的中积

$91 \times 111 = 10101$

$91 \times 1111 = 101101$

$91 \times 11111 = 1011101$

$91 \times 111111 = 10111101$

（e） $98 \times 11 = 1078$

$0+8=8$，8 是 98×111 的中积

$98 \times 111 = 10878$

$98 \times 1111 = 108878$

$98 \times 11111 = 1088878$

$98 \times 111111 = 10888878$

712. $1_{(n)}1^2 > 1_{(n-1)}1 \times 1_{(n+1)}1$ （$1 \leqslant n \leqslant 8$）

（a） $11 \times 11 = 1_{(1)}1^2 = 121$

$1 \times 111 = 1_{(1-1)}1 \times 1_{(1+1)}1 = 111$

121 中的数 2 减 1 得 111 中的数 1

（b） $111 \times 111 = 1_{(2)}1^2 = 12321$

$11 \times 1111 = 1_{(2-1)}1 \times 1_{(2+1)}1 = 12221$

12321 的 3 减 1 得 12221 的 2

（c） $1111 \times 1111 = 1_{(3)}1^2$
$= 1234321$

$111 \times 11111 = 1_{(2)}1 \times 1_{(4)}1 = 1233321$

1234321 的 4 减 1 得 1233321 的 3

（d） $1_{(4)}1^2 = 123454321$

$1_{(3)}1 \times 1_{(5)}1 = 123444321$

（e） $1_{(5)}1^2 = 12345654321$

$1_{(4)}1 \times 1_{(6)}1 = 12345554321$

（f） $1_{(8)}1^2 = 12345678987654321$

$1_{(7)}1 \times 1_{(9)}1 = 12345678887654321$

结论：$1_{(n)}1^2 > 1_{(n-1)}1 \times 1_{(n+1)}1$

第八章　拾零

801. 两位数乘以两位数

1) ab × cd 的通解

使用乘法交换律使含 1 或 9 因数的数为乘数；

两个数的因数均不含 1 或 9，选较小的数为乘数。

ab × d=jH，个位数是 H，j 进位。

ab × c+j=Q，ab × cd=QH

例 1 87 × 61=？

解: ab × d=87 × 1=87=jH

H=7，j=8

ab × c+j=87 × 6+8=530=Q

87 × 61=QH=5307=5307

例 2 52 × 79=？

解: ab × d=52 × 9=468=jH

H=8，j=46

ab × c+j=52 × 7+46=410=Q

52 × 79=QH=4108=4108

例 3 96 × 35=？

解 1: ab × d=96 × 5=480=jH

H=0，j=48

ab × c+j=96 × 3+48=336=Q

96 × 35=QH=3360=3360

解 2:

96 × 35=96 × 5 × 7=480 × 7=3360

例 4 36 × 24=？

解 1: ab × d=36 × 4=144

H=4，j=14

ab × c+j=36 × 2+14=86=Q

36 × 24=QH=864=864

解2： 原式 =12×3×12×2

=144×6=864

*36(34−10)=1224−360=864

*36(20+4)=720+144=864

*36×24=9×4×24=96×9=864

例5 78×19=?

解1： $\underline{ab}$×d=78×9=702

H=2，j=70

$\underline{ab}$×c+j=78×1+70=148=Q

78×19=QH=1482=1482

解2： 原式 =78(20−1)=1560−78

=1482

2) $\underline{a1}$×$\underline{b1}$

（a） a≠9，b≠9

(a+b)1=jH，H 是两位数，j 进位，ab+j=Q

$\underline{a1}$×$\underline{b1}$=QH

例1 21×71=?

解： (a+b)1=(2+7)1=91=H，

ab=2×7=14=Q

$\underline{a1}$×$\underline{b1}$=21×71=QH=1491=1491

例2 51×81=?

解1： $\underline{(a+b)1}$=$\underline{(5+8)1}$=131=jH

H=31，j=1

ab+j=5×8+1=41=Q

51×81=QH=4131=4131

解2： H=1 是一位数

$\underline{a1}$×b+a=51×8+5=413=Q

或 $\underline{b1}$×a+b=Q

51×81=QH=4131=4131

（b） a≠9，b=9

例1 81×91=?

解1： a−1=8−1=7

11−a=11−8=3

81×91=$\underline{(a-1)(11-a)(a-1)1}$=7371

解2： (a+b)1=171，H=71，j=1

ab+j=8×9+1=73=Q

81×91=QH=7371=7371

解3： H=1，8+9=17=jZ，Z=7，

j=1

ab+j=8×9+1=73=Q

81×91=QZH=7371=7371

3) $\underline{aa} \times 91 = \underline{a00a}$ $(1 \leqslant a \leqslant 9)$

例1 $11 \times 91 = \underline{a00a} = 1001$

例2 $66 \times 91 = 6006$

例3 $99 \times 91 = 9009$

递推：$\underline{a_{(n)}a} \times 91 = \underline{a\boxed{0}a_{(n-2)}a\boxed{0}a}$ $(n \geqslant 2)$

例1 $666 \times 91 = 60\boxed{6}06$

例2 $8888 \times 91 = 80\boxed{8}808$

例3 $99999 \times 91 = 90\boxed{999}09$

4) $91 \times \underline{b9}$

（a）$\underline{91} \times \underline{b9}$ $(b \neq 9)$

例1 $91 \times 49 = ?$

解1：$91 \times 49 = (90+1)(50-1)$
$= 4500-40-1 = 4449$

解2：原式 $= (70+21)(70-21)$
$= 70^2 - 21^2 = 4900-441 = 4459$

解3：$49 \times 1 = 49 = jH$，$H=9$，$j=4$
进位，1 是 91 的个位数
$49 \times 9 + 4 = 445 = Q$，9 是 91 的 十
位数
$49 \times 91 = QH = 4459 = 4459$

解4：$H=9$，4 进位
9 是 49 的个位数，4 是 49 的十
位数
$49 \times 9 + 4 = 445 = Q$，9 是 91 的 十
位数
$91 \times 49 = QH = 4459 = 4459$

例2 $91 \times 79 = ?$

解：$H=9$，7 进位
9 是 79 的个位数，7 是 79 的十
位数
$79 \times 9 + 7 = 718 = Q$
$91 \times 49 = QH = 7189 = 7189$

（b）$\underline{a1} \times \underline{b9}$ $(a \neq 9, b \neq 9)$

例1 $81 \times 49 = ?$

解1：$(80+1)(50-1)$
$= 4000-30-1 = 3969$

解2：$(81+49) \div 2 = 65$
$(81-49) \div 2 = 16$
$81 \times 49 = 65^2 - 16^2$
$= 4225-256 = 3969$

解3： 8(49+1)-(8-4)

=400-4=396=Q

H=9

81×49=QH=3969=3969

例2 61×79=?

解1： (60+1)(80-1)

=4800+20-1=4819

解2： (61+79)÷2=70

(79-61)÷2=9

$61×79=70^2-9^2$=4900-81=4819

解3： 6(79+1)-(6-7)=480+1

=481=Q

H=9

61×79=QH=4819=4819

例3 71×89=?

解： 7(89+1)-(7-8)=630+1

=631=Q

H=9

71×89=QH=6319=6319

5) a9×b9

（a） a+b=10，ab+9=Q，H=81

例1 39×79=?

解1： a+b=3+7=10

ab+9=3×7+9=30=Q，H=81

a9×b9=39×79=QH=3081=3081

解2： (a+1)(b+1)-2=Q，H=81

(3+1)(7+1)-2=30=Q，H=81

39×79=QH=3081=3081

解3： 10ab+9(a+b)+8=Q，H=1

10×3×7+9(3+7)+8=308=Q

1=H

39×79=QH=3081=3081

例2 59×59=?

解1： a+b=5+5=10

ab+9=5×5+9=34=Q，H=81

59^2=QH=3481=3481

解2： (5+1)(5+1)-2=36-2=34=Q

H=81

59^2=QH=3481=3481

解3：$59^2=(60-1)^2$

$=60^2-2\times60+1^2=3481$

解4：$10ab+9(a+b)+8=Q$，H=1

$10\times5\times5+9(5+5)+8=348=Q$

H=1

$59^2=QH=3481=3481$

（b）$a+b\neq10$

$10ab+9(a+b)+8=Q$，H=1

$\underline{a}9\times\underline{b}9=QH$

例1 $29\times49=?$

解1：$10ab+9(a+b)+8=Q$，H=1

$10\times2\times4+9(2+4)+8=142=Q$

H=1

$29\times49=QH=1421=1421$

解2：29×49

$=(30-1)(50-1)$

$=1500-80+1=1421$

解3：29×49

$=(29+1)(49+1)-(29+49+1)$

$=1500-79=1421$

例2 $59\times89=?$

解1：$10ab+9(a+b)+8$

$=10\times5\times8+9(5+8)+8=525=Q$

H=1

$59\times89=QH=5251=5251$

解2：$59\times89=(60-1)(90-1)$

$=5400-150+1=5251$

解3：59×89

$=(59+1)(89+1)-(59+89+1)$

$=5400-149=5251$

$*10ab+9(a+b)+8=Q$

H=1 是求 $\underline{a}9\times\underline{b}9=QH$ 的通式

6) $\underline{ac}\times\underline{bc}=?$ $(1\leqslant c\leqslant9)$

（a）$a+b=10$

c^2 若是两位数则 $c^2=H$，c^2 若不足两位数，则前补 0，得到 H

$ab+c=Q$

例1 $26\times86=?$

解：$a+b=2+8=10$

$c^2=6^2=36=H$

$ab+c=2\times8+6=22=Q$

巧算整数乘法

26×86=QH=2236

例2 32×72=?

解：a+b=3+7=10

$c^2=2^2=04=H$

ab+c=3×7+2=23=Q

32×72=QH=2304

（b）a+b≠10

$c^2=jH$，末位数是H，j进位

10ab+c(a+b)+j=Q

例1 34×64=?

解：$c^2=4^2=16=jH$，H=6

j=1 进位

10ab+c(a+b)+j

=10×3×6+4(3+6)+1

=217=Q

34×64=QH=2176=2176

例2 58×98=?

解：$c^2=8^2=64=jH$，H=4

j=6 进位

10ab+c(a+b)+j

=10×5×9+8(5+9)+6

=568=Q

58×98=QH=5684=5684

802. 三位数乘以两位数

（a）abc×de 的通解

abc×e=jH，一位数是H，j进位

abc×d+j=Q，abc×de=QH

例1 112×43=?

abc×e=112×3=336=jH，H=6

j=33 进位

abc×d+j=112×4+33=481=Q

112×43=QH=4816=4816

（b）abv×cv （b+c=10）

bv×cv=jH，末两位数是H，j

进位

a×cv+j=Q

例1 172×32=?

解：b+c=10

bv×cv=72×32=2304=jH

114

H=04，j=23 进位

$a \times \underline{cv}+j=1 \times 32+23=55=Q$

$\underline{abv} \times \underline{cv}=172 \times 32=QH=5504=5504$

例2 $596 \times 16=?$

解：$96 \times 16=1536=jH$，H=36

j=15 进位

$5 \times 16+15=95=Q$

$596 \times 16=QH=9536=9536$

（c）$\underline{avb} \times \underline{cv}$ （a+c=10）

$b \times \underline{cv}+10v^2=H$，H 是三位数，若是两位数前置 0。

$ac+v=Q$，$\underline{avb} \times \underline{cv}=QH$

例1 $923 \times 12=?$

解1：

$b \times \underline{cv}+10v^2=3 \times 12+10 \times 2^2$

$=076=H$

$ac+v=9 \times 1+2=11=Q$

$923 \times 12=QH=11076=11076$

解2：$923 \times 12=(92 \times 10+3) \times 12$

$=92 \times 12 \times 10+3 \times 12=11040+36$

$=11076$

例2 $679 \times 47=?$

解1：$b \times \underline{cv}+10v^2$

$=9 \times 47+10 \times 7^2$

$=423+490=913=H$

$ac+v=6 \times 4+7=31=Q$

$679 \times 47=QH=31913=31913$

解2：$679 \times 47=(670+9) \times 47$

$=67 \times 47 \times 10+9 \times 47$

$=31490+423$

$=31913$

（d）$\underline{vab} \times \underline{ab}$

$(ab)^2=jH$，H 是两位数，j 进位

$\underline{ab} \times v+j=Q$

例1 $423 \times 23=?$

解：$(ab)^2=23 \times 23=529$，H=29

j=5 进位

$\underline{ab} \times v+j=23 \times 4+5=97=Q$

$\underline{vab} \times \underline{ab}=423 \times 23=QH=9729=9729$

例2 $778 \times 78=?$

$(ab)^2=78^2=6084$，H=84

j=60 进位

$\underline{ab} \times v + j = 78 \times 7 + 60 = 546 + 60 = 606 = Q$

$\underline{vab} \times \underline{ab} = 778 \times 78 = QH = 60684$

$= 60684$

803. $\underline{ab} \times \underline{vv}$ $(1 \leqslant v \leqslant 9)$

（a）$a+b=10$

$(a+1)v=Q$，$v=\boxed{Z}$，$bv=H$，H 是 两位数

例1 $46 \times 888 = ?$

解1：$(a+1)v=(4+1) \times 8 = 40 = Q$

$v=\boxed{8}=\boxed{Z}$，$bv=6 \times 8 = 48 = H$

$46 \times 888 = Q\boxed{Z}H = 40\boxed{8}48 = 40848$

解2：$\underline{ab} \times \underline{vv} = 46 \times 88 = 4048$

$Q=40$，$H=48$，$v=\boxed{8}=\boxed{Z}$

$46 \times 888 = QZH = 40\boxed{8}48 = 40848$

解3：$46 \times 888 = 46 \times 8 \times 111$

$= 368 \times 111 = 40848$

例2 $91 \times 666 = ?$

解1：$(a+1)v=10 \times 6 = 60 = Q$

$v=\boxed{6}=\boxed{Z}$，$bv=1 \times 6 = 06 = H$，H 是两位数

$91 \times 666 = Q\boxed{Z}H = 60\boxed{6}06 = 60606$

解2：$\underline{ab} \times \underline{vv} = 91 \times 66 = 6006$，$Q=60$，$H=06$

$v=\boxed{6}=\boxed{Z}$

$91 \times 666 = Q\boxed{Z}H = 60\boxed{6}06 = 60606$

解3：$91 \times 666 = 91 \times 6 \times 111$

$= 546 \times 111 = 60606$

（b）$a+b \neq 10$

$\underline{ab} \times v = jH$，H 是一位数，j 进位

$\underline{ab} \times \underline{vv} + j = Q$，$\underline{ab} \times \underline{vvv} = QH$

例1 $35 \times 222 = ?$

解1：$\underline{ab} \times v = 35 \times 2 = 70$，$H=0$

$j=7$ 进位

$\underline{ab} \times \underline{vv} + j = 35 \times 22 + 7 = 777 = Q$

$35 \times 222 = QH = 7770 = 7770$

解2：$\underline{ab} \times \underline{vvv} = 35 \times 2 \times 111$

$= 70 \times 111 = 7770$

例 2 $17 \times 555 = ?$

解 1 ：$\underline{ab} \times v = 17 \times 5 = 85$，H=5

j=8 进位

$\underline{ab} \times \underline{vv} + j = 17 \times 55 + j = 935 + 8 = 943 = Q$

$17 \times 555 = QH = 9435 = 9435$

解 2 ：$17 \times 555 = 85 \times 111 = 9435$

例 3 $83 \times 777 = ?$

解 1 ：$83 \times 7 = 581$，H=1

j=58 进位

$83 \times 77 + j = 6391 + 58 = 6449 = Q$

$83 \times 777 = QH = 64491 = 64491$

解 2 ：$83 \times 777 = 83 \times 7 \times 111$

$= 581 \times 111 = 64491$

例 4 $97 \times 888 = ?$

解 1 ：$\underline{ab} \times v = 97 \times 8 = 776$

H=6，j=77 进位

$\underline{ab} \times \underline{vv} + j = 97 \times 88 + 77 = 8613 = Q$

$97 \times 888 = QH = 86136 = 86136$

解 2 ：$97 \times 888 = 97 \times 8 \times 111$

$= 776 \times 111 = 86136$

804. 三位数乘以三位数

1) $\underline{a0b} \times \underline{a0c}$

（ a ） b+c=10

bC=H，H 为两位数，若为一位

数前添 0

$\underline{a0} \times \underline{a1} = Q$

$\underline{a0b} \times \underline{a0c} = QH$

例 1 $203 \times 207 = ?$

解 1 ：bC = $3 \times 7 = 21 = H$

$\underline{a0} \times \underline{a1} = 20 \times 21 = 420 = Q$

$203 \times 207 = QH = 42021 = 42021$

解 2 ：原式 $=(205-2)(205+2)$

$=205^2 - 2^2 = 42021$

例 2 $501 \times 509 = ?$

解 1 ：bc = $1 \times 9 = 09 = H$

$\underline{a0} \times \underline{a1} = 50 \times 51 = 2550 = Q$

$501 \times 509 = QH = 255009 = 255009$

解 2 ：bc=H，$a \times \underline{a10} = Q$

bc = $1 \times 9 = 09 = H$

$a \times \underline{a10} = 5 \times 510 = 2550 = Q$

$501 \times 509 = QH = 255009 = 255009$

解3：bc=H（H 为两位数）

$\underline{a0}$=Ζ，a^2=Q

 bc=1×9=09=H

$\underline{a0}$=50=Ζ

$a^2=5^2=25$=Q

501×509=QΖH=255009=255009

解4：501×509

=(505−4)(505+4)

=505^2-4^2=255009

（b）b+c≠10

bc=H，H 是两位数，若为一位

数前添 0

a($\underline{a0b}$+c)=a($\underline{a0c}$+b)=Q

$\underline{a0b}$×$\underline{a0c}$=QH

例1 102×104=?

解1：bc=2×4=08=H

a($\underline{a0b}$+c)=1×(102+4)=106=Q

102×104=QH=10608=10608

解2：bc=2×4=08=H，a=1

b+c=2+4=6，Ζ=06

a=1，a^2=1=Q

301×308=QΖH=10608=10608

解3：102×104=(106−4)×104

=11024−416=10608

例2 301×308=?

解1：bc=1×8=08=H

a($\underline{a0b}$+c)=3(301+8)=927=Q

301×308=QH=92708=92708

解2：bc=1×8=08=H

a(b+c)=3(1+9)=27=Ζ

$a^2=3^2=9$=Q

301×308=QΖH=92708=92708

解3：301×308

=(302−1)×308

=93016−308=92708

例3 807×809=?

解1：bc=7×9=63=H

a($\underline{a0b}$+c)=8(807+9)=6528=Q

807×809=QH=652863=652863

解2：bc=7×9=63=H

a(b+c)=8(7+9)=128，Ζ=28，j=1

进位

$a^2+j=8^2+1=65$=Q

808×809=QZH=65**28**63=652863

例4 23×1818=？

解1：23×1818=23×9×202

=207×202

bc=7×2=14=H

a(a0b+c)=2(207+2)=418=Q

207×202=QH=41814=41814

解2：原式

=207×202

=(208−1)×202

=420168−202=41814

例5 907^2=907×907=？

解1：b^2=7×7=49=H

a(a0b+b)=9(907+7)=8226=Q

907^2=QH=822649=822649

解2：bc=7×7=49=H

a(b+c)=9(7+7)=126，**Z**=**26**，j=1

进位

a^2+j=9^2+1=82=Q

907×907=QZH=822**26**49=822649

解3：原式 =(903+4)×907=819

021+4×907=822649

（c）a0a×a0a

a^2两位数是H，a(a0a+a)=Q

例1 303×303=？

解：a^2=3^2=09=H

a(a0a+a)=3×(303+3)=918=Q

303^2=QH=91809=91809

例2 808^2=？

解1：a^2=8^2=64=H

a(a0a+a)=8(808+8)=6528=Q

808^2=QH=652864=652864

解2：a0a×a=jH，H是两位数

j进位

a0a×a=808×8=6464=jH

H=64，j=64进位

a0a×a+j=6464+64=6528=Q

808^2=QH=652864=652864

解3：a^2=H，$2a^2$=j**Z**，a^2+j=Q

中积**Z**，后积H均为两位数

$a^2=8^2=64=$H, $2a^2=2 \times 64=128$

Z=28, j=1

$a^2=8^2+j=64+1=65=$Q

$808^2=$QZH$=652864=652864$

$$\boxed{例\ 2}\ 108^2=?$$

解：$a^2=8^2=64=$H

$\underline{10a+a}=108+8=116=$Q

$108^2=$QH$=11664=11664$

$$\boxed{例\ 3}\ 909^2=?$$

解1：$a^2=9 \times 9=81=$H

$a(\underline{a0a}+a)=9(909+9)$

$=9 \times 918=8262=$Q

$909^2=$QH$=826281=826281$

解2：$a^2=9 \times 9=81=$H

$a(a+a)=9(9+9)=9 \times 18=162,$ Z=62

j=1

$a^2+=9^2+1=82=$Q

$909^2=$QZH$=826281=826281$

$$\boxed{例\ 3}\ 109^2=?$$

解：$a^2=9^2=81=$H

$\underline{10a+a}=109+9=118=$Q

$109^2=$QH$=11881=11881$

2) a0b × c0d

$\underline{a0b} \times d=j$H，H 是 两 位 数，j 进位

$\underline{a0b} \times c+j=\underline{c0d} \times a+j=$Q

$\underline{a0b} \times \underline{c0d}=$QH

$$(d)\ \underline{10a^2}=\underline{10a} \times \underline{10a}$$

$a^2=$H，H 是两位数，$\underline{10a+a}=$Q

$$\boxed{例\ 1}\ 102^2=?$$

解：$a^2=2^2=04=$H

$\underline{10a+a}=102+2=104=$Q

$102^2=$QH$=10404=10404$

$$\boxed{例\ 1}\ 206 \times 405=?$$

解1：$\underline{a0b} \times d=206 \times 5=1030$

H=30，j=10 进位

$\underline{a0b} \times c+j=206 \times 4+10=834=$Q

$206 \times 405=$QH$=83430=83430$

解2：$bd=6 \times 5=30=$H

$ad+bc=2 \times 5+6 \times 4=$34=Z（Z 为两位数）

ac=2×4=8=Q

206×405=QZH=83430=83430

例2 709×608=?

解1：a0b×d=709×8=5672

H=72，j=56 进位

a0b×c+j=709×6+56=4310=Q

709×608=QH=431072=431072

解2：bd=9×8=72=H

ad+bc=7×8+9×6=110，Z=10

j=1 进位

ac+j=7×6+1=43=Q

709×608=QZH=4310 72=431072

---

3) a0b×v0b (a+v=10)

例1 409×609=?

解1：$0b^2=09^2$=81=H，H 是 两位数

b0=90=Z，是两位数

av=4×6=24=Q

409×609=QZH=24 90 81=249081

解2：abc×c=jH，H 是 两位数，j 进位

abc×v+j=Q

---

abc×c=409×9=3681，H=81

j=36 进位

abc×v+j=409×6+36=2490=Q

409×609=QH=249081=249081

例2 202×802=?

解：$0b^2=02^2$=04=H

b0=20=Z，av=2×8=16=Q

202×802=QZH=162004=162004

例3 108×908=?

解：$0b^2=08^2$=64=H

b0=80=Z，av=1×9=9=Q

108×908=QZH=98 064=98064

---

4) abc×avc（b+v=10）

c^2 是两位数为 H，若 c^2 是一位数前添 0

ab×av+c(2a+1)=Q

例1 312×392=?

解1：c^2=2×2=04=H

ab×av+c(2a+1)

=31×39+2(2×3+1)

=1223=Q

$312 \times 392 = QH = 122304 = 122304$

解2： $\underline{bc} \times \underline{vc} = jH$，H 是两位数，j 进位

$2ac+j=J\boxed{Z}$，$\boxed{Z}$ 是两位数，J 进位

$a(a+1)+J=Q$

$\underline{bc} \times \underline{vc} = 12 \times 92 = 1104$，H=04

j=11 进位

$2ac+j=2 \times 3 \times 2+11=\boxed{23}=\boxed{Z}$

$a(a+1)=3(3+1)=12=Q$

$312 \times 392 = Q\boxed{Z}H = 12\boxed{23}04 = 122304$

例2 $859^2 = 859 \times 859 = ?$

解1： $c^2=9^2=81=H$

$\underline{ab} \times \underline{av}+c(2a+1)=85^2+9(2 \times 8+1)$

$=7378=Q$

$859^2=QH=737881=737881$

解2： $59^2=3481$，H=81，j=34 进位

$8(859+59)+34=7378=Q$

$859^2=QH=737881=737881$

解3：859 对 900 的符补是 -41

$(-41)^2=1681$，H=81，j=16 进位

$9(859-41)+16=7378=Q$

$859^2=QH=737881=737881$

解4：859 对 900 的补是 41

$41^2=1681$，H=81，j=16 进位

$9(859-41)+16=7378=Q$

$859^2=QH=737881=737881$

5) $10a^3=10a \times 10a \times 10a$

$a^3=jH$，后积 H 是两位数，j 进位

$3a^2+j=Jz$，z 是后中积，J 进位

$3a+J=\boxed{Z}$ 是前中积，z，$\boxed{Z}$ 均为两位数

$1^3=1=Q$ 是前积

例1 $10a^3=103^3=?$

解1： $a^3=3^3=27=H$

$3a^2=3 \times 3^2=27=z$

$3a=3 \times 3=\boxed{09}=\boxed{Z}$ z，$\boxed{Z}$ 皆是两位数

$1^3=1=Q$

$103^3=Q\boxed{Z}zH=1\boxed{09}2727=1092727$

解2： $103^3=103^2 \times 103$

$=10609 \times 103$

$=1060900+10609 \times 3=1092727$

122

解3： $103^2 \times 3$

$=10609 \times 3 = 31827$

H=27，j=318

$10609 + 318 = 10927 = Q$

$103^3 = QH = 1092727 = 1092727$

例2 $105^3 = ?$

解1： $5^3 = 125$，H=25

j=1 进位

$3 \times 5^2 + 1 = 76 = z$，$3 \times 5 = \boxed{15} = Z$

$1^3 = 1 = Q$

$105^3 = QZzH = 1\boxed{15}7625 = 1157625$

解2： $105^3 = 105^2 \times 105$

$=11025 \times 105$

$1102 \times 10 + (1102 + 10) \div 2$

$=11576 = Q$，H=25

$105^3 = QH = 1157625 = 1157625$

例3 $\underline{10a}^3 = 106^3 = ?$

解1： $a^3 = 6^3 = 216$，H=16

j=2 进位

$3 \times 6^2 + 2 = 110 = Jz$，z=10

J=1 进位

$3 \times 6 + 1 = \boxed{19} = Z$

$1^3 = 1 = Q$

$106^3 = QZzH = 1\boxed{19}1016 = 1191016$

解2： $106^2 = 11236 = \underline{bcdef}$

$\underline{bcdef} \times a = 11236 \times 6 = 67416$

16=H 是两位数，j=674 进位

$\underline{abcde} + j = 11236 + 674 = 11910 = Q$

$106^3 = QH = 1191016$

例4 $109^3 = ?$

解1： $a^3 = 9^3 = 729$，H=29，j=7

进位

$3a^2 + j = 3 \times 9^2 + 7 = 243 + 7 = 250 = Jz$

50=z，J=2 进位

$3a + J = 3 \times 9 + 2 = \boxed{29} = Z$，$1^3 = 1 = Q$

$109^3 = QZzH = 1\boxed{29}5029 = 1295029$

解2： $109^2 = 11881 = \underline{bcdef}$

$\underline{bcdef} \times a = 11881 \times 9 = 106929$

H=29，j=1069 进位

$\underline{abcde} + j = 11881 + 1069 = 12950 = Q$

$109^3 = QH = 1295029$

例5 $110^3 = ?$

解： $110^3 = (11 \times 10)^3 = 11^3 \times 10^3 = 1$

$331 \times 1000 = 1331000$

例 6 $111^3 = ?$

解： $111^3 = 111^2 \times 111$

$= 12321 \times 111$

$= 1367631$

例 7 $112^3 = ?$

解 1： $2^2 = 4 = H$

$11(112+2) = 1254 = Q$

$112^2 = QH = 12544 = 12544$

$112^3 = 112^2 \times 112 = 12544(110+2)$

$= 1379840 + 25088 = 1404928$

解 2： $12^2 = 144 = jH$，$H = 44$

$j = 1$ 进位

$1 \times (112+12) + 1 = 125 = Q$

$112^2 = 12544 = 12544$

$112^3 = 112^2 \times 112 = 12544(110+2)$

$= 1379840 + 25088 = 1404928$

6) $\underline{a11} \times \underline{b11}$

$11^2 = 121$，$H = 21$，$j = 1$ 进位

$11(a+b) + j = j\mathbb{Z}$，$\mathbb{Z}$ 是两位数，J 进位

$ab + J = Q$

例 1 $211 \times 411 = ?$

解： $11^2 = 121$，$H = 21$，$j = 1$ 进位

$11(a+b) + j = 11(2+4) + 1 = \boxed{67} = \boxed{Z}$

$ab = 2 \times 4 = 8 = Q$

$211 \times 411 = Q\mathbb{Z}H = 8\boxed{67}21 = 86721$

例 2 $611 \times 911 = ?$

解： $11^2 = 121 = jH$，$H = 21$

$j = 1$ 进位

$11(a+b) + j = 11(6+9) + 1 = 1\boxed{66}$，$\mathbb{Z} = \boxed{66}$，

$J = 1$ 进位

$ab + J = 6 \times 9 + 1 = 55 = Q$

$611 \times 911 = Q\mathbb{Z}H = 55\boxed{66}21 = 556621$

7) $\underline{abc} \times \underline{vbc}$

（a） $a+v = 10$

$\underline{bc}^2 = jH$，H 是三位数，j 进位

$10av + \underline{bc} + j = Q$

$\underline{abc} \times \underline{vbc} = QH$

例 1 $409 \times 609 = ?$

解： $\underline{bc}^2 = 09^2 = 081 = H$，$81$ 前添 0

$10av + \underline{bc} = 10 \times 4 \times 6 + 09 = 249 = Q$

$409 \times 609 = QH = 249081 = 249081$

例2 $423 \times 623=?$

解：$\underline{bc}^2=23^2=529$，H=529

$10av+\underline{bc}=10 \times 4 \times 6+23=263=Q$

$423 \times 623=QH=263529=263529$

例3 $354 \times 754=?$

解1：$\underline{bc}^2=54^2=2916$，H=916

j=2 进位

$10av+\underline{bc}+j=10 \times 3 \times 7+54+2$

$=266=Q$

$354 \times 754=QH=266916=266916$

解2：$\underline{bc}^2=jH$，H 是三位数，j 进位

$\underline{bc}+j=J\boxed{Z}$，$\boxed{Z}$ 是一位数，J 进位

$\underline{bc}^2=54^2=2916$，H=916，j=2 进位

$\underline{bc}+j=54+2=56$，$\boxed{Z}=6$ 是一位数，J=5 进位

$av+J=3 \times 7+5=26=Q$

$354 \times 754=QZH=26\boxed{6}916=266916$

（b）$a+v \neq 10$

$\underline{bc}^2=jH$，H 是两位数，j 进位

$\underline{bc}(a+v)+j=J\boxed{Z}$，$\boxed{Z}$ 是两位数，J

进位

$av+J=Q$，$\underline{abc} \times \underline{vbc}=QZH$

例1 $121 \times 321=?$

解1：$\underline{bc}^2=21^2=441$，H=41

j=4

$\underline{bc}(a+v)+j=21(1+3)+4=\boxed{88}=\boxed{Z}$

$av=1 \times 3=3=Q$

$121 \times 321=Q\boxed{Z}H=3\boxed{88}41=38841$

解2：$121 \times 321=11 \times 11 \times 321$

$=11 \times 3531=38841$

例2 $235 \times 435=?$

解1：$\underline{bc}^2=35^2=1225$，H=25

j=12

$\underline{bc}(a+v)+j=35(2+4)+12=222$，

$\boxed{Z}=\boxed{22}$，J=2

$av+J=2 \times 4+2=10=Q$

$235 \times 435=Q\boxed{Z}H=10\boxed{22}25=102225$

解2：

$23 \times 43+(23+43) \div 2=1022=Q$

H=25

$235 \times 435=QH=102225=102225$

8) 其他类型

（a） $\underline{abv} \times \underline{cdv}$ 且 $\underline{ab}+\underline{cd}=100$

v^2 为两位数是 H，若是一位数
前置 0

$\underline{ab} \times \underline{cd}+10v=$ Q

$\underline{abv} \times \underline{cdv}=$ QH

例 1 $372 \times 632=$?

解：$v^2=2^2=04=$ H

$\underline{ab} \times \underline{cd}+10v=37 \times 63+10 \times 2$
$=2351=$ Q

$372 \times 632=$ QH$=235104=235104$

例 2 $298 \times 718=$?

解：$v^2=8^2=64=$ H

$\underline{ab} \times \underline{cd}+10v=29 \times 71+10 \times 8$
$=2139=$ Q

$298 \times 718=$ QH$=213964=213964$

（b） $\underline{abc} \times \underline{abd}$ 且 $c+d=10$

H=cd 为两位数，若为一位数则
前添 0

$\underline{ab} \times (\underline{ab}+1)=$ Q

$\underline{abc} \times \underline{abd}=$ QH

例 1 $772 \times 778=$?

解 1：cd$=2 \times 8=16=$ H

$\underline{ab} \times (\underline{ab}+1)=77 \times (77+1)=6006=$ Q

$772 \times 778=$ QH$=600616=600616$

解 2：原式 $=775^2-3^2$
$=600625-9=600616$

（c） $\underline{abc} \times \underline{ade}$ 且 $\underline{bc}+\underline{de}=100$

$\underline{bc} \times \underline{de}=$ H，H 是四位数

$a(a+1)=$ Q，$\underline{abc} \times \underline{ade}=$ QH

例 1 $199 \times 101=$?

解 1：$\underline{bc} \times \underline{de}=99 \times 01=0099=$ H

$a(a+1)=1 \times (1+1)=2=$ Q

$199 \times 101=$ QH$=20099=20099$

解 2：150^2-49^2
$=22500-2401=20099$

例 2 $911 \times 989=$?

解 1：$\underline{bc} \times \underline{de}=11 \times 89=0979=$ H

$a(a+1)=9 \times (9+1)=90=$ Q

$911 \times 989=$ QH$=900979=900979$

解2：950^2-39^2

$=902500-1521=900979$

（d）$\underline{abc} \times \underline{ade}$ 且 $\underline{bc}+\underline{de} \neq 100$

$\underline{bc} \times \underline{de}=jH$，H 是两位数，j 进位

$a(\underline{abc}+\underline{de})+j=a(\underline{ade}+\underline{bc})+j=Q$

$\underline{abc} \times \underline{ade}=QH$

例1 $309 \times 358=?$

解：$09 \times 58=522$，H=22，j=5

$3(309+58)+j=3 \times 367+5=1106=Q$

$309 \times 358=QH=110622=110622$

例2 $611 \times 678=?$

解1：$11 \times 78=858$，H=58

j=8

$6 \times (678+11)+8=4142=Q$

$611 \times 678=QH=414258=414258$

解2：$\underline{bc} \times \underline{de}=jH$，H 是两位数，

j 进位

$a(\underline{bc}+\underline{de})+j=JZ$，Z 是两位数，J 进位

$a^2+J=Q$

$11 \times 78=858$，H=58，j=8

$6(11+78)+8=542$，Z=42，J=5

$a^2+J=6^2+5=41=Q$

$611 \times 678=QZH=414258=414258$

例2 $514 \times 537=?$

解：$14 \times 37=518$，H=18，j=5

$5(14+37)+5=260$，Z=60，J=2

$a^2+J=5^2+2=27=Q$

$514 \times 537=QZH=276018=276018$

例3 $901 \times 928=?$

解：$01 \times 28=28=H$

$9 \times (01+28)=261$，Z=61，j=2

$9^2+2=83=Q$

$901 \times 928=QZH=836128=836128$

805. $\underline{ab\cdots} \times 101$

（a）$\underline{ab} \times 101=\underline{abab}$ （$0 \leq b \leq 9$）

例1 $68 \times 101=?$

解：$68 \times 101=6868$

（b）abc × 101

a+abc=Q， bc=H

abc × 101=QH

（c）abcd × 101

ab+abcd=Q， cd=H

abcd × 101=QH

例1 108 × 101=?

解1：a+abc=1+108=109=Q

bc=08=H

108 × 101=QH=10908=10908

解2：原式 =108 × 100+108

=10908

例1 1205 × 101=?

解：

ab+abcd=12+1205=1217=Q

cd=05=H

1205 × 101=QH=121705=121705

例2 998 × 101=?

解：a+abc=9+998=1007=Q

bc=98=H

998 × 101=QH=100798=100798

例2 1205 × 202=?

解： 1205 × 202=2410 × 101

ab+abcd=24+2410=2434=Q

cd=10=H

1205 × 202=2410 × 101=QH

=243410=243410

例3 219 × 303=?

解：219 × 303=657 × 101

a+abc=6+657=663=Q， bc=57=H

219 × 303=657 × 101=QH

=66357=66357

（d）abcde × 101

abc+abcde=Q， de=H

abcde × 101=QH

例1 54371 × 101=?

解1：de=71=H

abc+abcde=543+54371=54914=Q

54371 × 101=QH=5491471
=5491471

解2：de=71=H
abc+de=543+71=614，Z=14，j=6
abc+j=543+6=549=Q
54371 × 101=QZH=549 14 71
=5491471

解3：de=H，abc+cde=jZ
Z是三位数，j进位，ab+j=Q

de=71=H
abc+cde=543+371=914=Z
ab=54=Q
54371 × 101=QZH=54 914 71
=5491471

例2　12304 × 505=?
解1：12304 × 505=61520 × 101
H=de=20
abc+abcde=615+61520=62135=Q
12304 × 505=61520 × 101=QH
=6213520=6213520

解2：de=20=H
abc+de=615+20=635，Z=35，j=6

abc+j=615+6=621=Q
12304 × 505=61520 × 101=QZH
=621 35 20=6213520

（e）abcdef × 101
ef=H，abcd+abcdef=Q
abcdef × 101=QH

例1　654321 × 101=?
解1：ef=21=H
abcd+abcdef=6543+654321
=660864=Q
654321 × 101=QH=66086421
=66086421

解2：ef=H，H是两位数
abcd+ef=jZ，Z是两位数，j进位
abcd+j=Q

ef=21=H
abcd+ef=6543+21=6564，Z=64
j=65
abcd+j=6543+65=6608=Q
654321 × 101=QZH=6608 64 21
=66086421

解 3 ：ef=21=H

abcd+def=6543+321=6864

Z=864，j=6

abc+j=654+6=660=Q

654321×101=QZH=66086421

=66086421

解 4 ：ef=21=H

abcdef+cdef=654321+4321

=10864，Z=0864，j=1

ab+j=65+1=66=Q

654321×101=QZH=66086421

=66086421

解 5 ：原式 =654321×100+654321

=66086421

806. ab⋯×10N （2 ≤ N ≤ 9）

（a） ab×10N

ab×N=jH，H 是两位数，j 进位

ab+j=Q， ab×10N=QH

例 1 21×103=？

解：ab×N=21×3=63=H

ab=21=Q

21×103=QH=2163=2163

例 2 89×109=？

解：ab×N=89×9=801，H=01

j=8

ab+j=89+8=97=Q

89×109=QH=9701=9701

（b） abc×10N

abc×N=jH，H 是两位数，j 进位

abc+j=Q， abc×10N=QH

例 1 321×102=？

解 1 ：abc×N=321×2=642

H=42，j=6

abc+j=321+6=327=Q

321×102=QH=32742=32742

解 2 ：bc×N=jH，H 是两位数

j 进位

abc+aN+j=Q

bc×N=21×2=42，H=42

abc+aN=321+3×2=327=Q

$321 \times 102 = QH = 32742 = 32742$

例2 $765 \times 108 = ?$

解1：$abc \times N = 765 \times 8 = 6120$

$H = 20$，$j = 61$

$abc + j = 765 + 61 = 826 = Q$

$765 \times 108 = QH = 82620 = 82620$

解2：$\underline{bc} \times N = jH$，H 是两位数
j 进位

$abc + aN + j = Q$

$\underline{bc} \times N = 65 \times 8 = 520$，$H = 20$，$j = 5$

$abc + aN + j = 765 + 7 \times 8 + 5 = 826 = Q$

$765 \times 108 = QH = 82620 = 82620$

（c）$\underline{abcd} \times \underline{10N}$

$\underline{abcd} \times N = jH$，H 是两位数，j
进位

$abcd + j = Q$

$\underline{abcd} \times \underline{10N} = QH$

例1 $1234 \times 105 = ?$

解1：$\underline{abcd} \times N = jH$，H 是两位
数，j 进位

$abcd + j = Q$

$abcd \times N = 1234 \times 5 = 6170$，$H = 70$

$j = 61$

$abcd + j = 1234 + 61 = 1295 = Q$

$1234 \times 105 = QH = 129570 = 129570$

解2：$\underline{cd} \times N = jH$，H 是两位数
j 进位

$abcd + \underline{ab} \times N + j = Q$

$\underline{cd} \times N = 34 \times 5 = 170$，$H = 70$，$j = 1$

$\underline{ab} \times N + j = 12 \times 5 + 1 = 61$

$abcd + \underline{ab} \times N + j = 1234 + 61 = 1295 = Q$

$1234 \times 105 = QH = 129570 = 129570$

（d）$\underline{abcde} \times \underline{10N}$

例1 $38012 \times 109 = ?$

解1：$\underline{abcde} \times N = jH$，H 是两位
数，j 进位

$abcde + j = Q$

$abcde \times N = 38012 \times 9 = 342108$

$H = 08$，$j = 3421$

$abcde + j = 38012 + 3421 = 41433 = Q$

$38012 \times 109 = QH = 4143308$

$= 4143308$

解2：$\underline{de} \times N = jH$，H 是两位数，
j 进位

$\underline{abcde} + \underline{abc} \times N + j = Q$

$\underline{de} \times 9 = 12 \times 9 = 108$，H=08，j=1

$\underline{abc} \times N + j = 380 \times 9 + 1 = 3421$

$\underline{abcde} + \underline{abc} \times N + j = 38012 + 3421$

$= 41433 = Q$

$38012 \times 109 = QH = 4143308$

$= 4143308$

（e）$\underline{abcdef} \times \underline{10N}$

$\underline{abcdef} \times N = jH$，H 是两位数

j 进位

$\underline{abcdef} + j = Q$

$\underline{abcdef} \times \underline{10N} = QH$

例1 $134129 \times 103 = ?$

解1：$\underline{abcdef} \times N = 134129 \times 3$

$= 402387$，H=87，j=4023

$\underline{abcdef} + j = 134129 + 4023 = 138152 = Q$

$134129 \times 103 = QH = 13815287$

$= 13815287$

解2：$\underline{ef} \times N = jH$，H 是两位数

j 进位

$\underline{abcdef} + \underline{abcd} \times N + j = Q$

$\underline{ef} \times N = 29 \times 3 = 87 = H$，j=0

$\underline{abcd} \times N = 1341 \times 3 = 4023$

$\underline{abcdef} + \underline{abcd} \times N = 134129 + 4023$

$= 138152 = Q$

$134129 \times 103 = QH = 13815287$

$= 13815287$

例2 $310068 \times 104 = ?$

解1：$\underline{abcdef} \times N = 310068 \times 4$

$= 1240272$，H=72，j=12402

$\underline{abcdef} + j = 310068 + 12402 = 322470 = Q$

$310068 \times 104 = QH = 32247072$

$= 32247072$

解2：$\underline{ef} \times N = 68 \times 4 = 272$

H=72，j=2

$\underline{abcdef} + \underline{abcd} \times N + j$

$= 310068 + 3100 \times 4 + 2$

$= 322470 = Q$

$310068 \times 104 = QH = 32247072$

$= 32247072$

807. 四位数乘以四位数

（a） $\underline{abcd} \times \underline{vbcd}$ （a+v=10）

$(\underline{bcd})^2=jH$，H 为四位数，j 进位

$100av+\underline{bcd}+j=Q$

$\underline{abcd} \times \underline{vbcd}=QH$

例 1 $1235 \times 9235=?$

解： $(\underline{bcd})^2=235^2=55225$

H=5225，j=5

$100av+\underline{bcd}+j=100 \times 1 \times 9+235+5$

$=1140=Q$

$1235 \times 9235=QH=11405225$

$=11405225$

（b） $\underline{abcd} \times \underline{wvcd}$ （ $\underline{ab}+\underline{wv}=100$ ）

$\underline{cd}^2=H$ 是四位数，若缺位前置 0

$\underline{ab} \times \underline{wv}+\underline{cd}=Q$

$\underline{abcd} \times \underline{wvcd}=QH$

例 1 $1825 \times 8225=?$

解： $\underline{cd}^2=25^2=0625=H$

$\underline{ab} \times \underline{wv}+\underline{cd}=18 \times 82+25=1501=Q$

$1825 \times 8225=QH=15010625$

$=15010625$

例 2 $3599 \times 6599=?$

解： $\underline{cd}^2=99 \times 99=9801=H$

$\underline{ab} \times \underline{wv}+\underline{cd}=35 \times 65+99=2374=Q$

$3599 \times 6599=QH=23749801$

$=23749801$

（c） $\underline{abcd} \times \underline{abef}$ （ $\underline{cd}+\underline{ef}=100$ ）

$\underline{cd} \times \underline{ef}=H$ 是四位数

$\underline{ab} \times (\underline{ab}+1)=Q$

$\underline{abcd} \times \underline{abef}=QH$

例 1 $1706 \times 1794=?$

解： $\underline{cd} \times \underline{ef}=6 \times 94=0564=H$

$\underline{ab} \times (\underline{ab}+1)=17(17+1)=306=Q$

$1706 \times 1794=QH=3060564$

$=3060564$

例 2 $9821 \times 9879=?$

解： $\underline{cd} \times \underline{ef}=21 \times 79=1659=H$

$\underline{ab} \times (\underline{ab}+1)=98 \times 99=9702=Q$

$9821 \times 9859=QH=97021659$

$=97021659$

808. ab… × 1001

（a） $\underline{ab} \times 1001 = \underline{ab0ab}$

例1 96 × 1001 = ?

解： 96 × 1001 = 96096

（b） $\underline{abc} \times 1001 = \underline{abcabc}$

例1 789 × 1001 = ?

解： 789 × 1001 = 789789

*$\underline{abc} \times \underline{N00N} = \underline{abc} \times N \times 1001$

$1 \leqslant N < 10$

*123 × 3003 = 123 × 3 × 1001

= 369 × 1001 = 369369

（c） $\underline{abcd} \times 1001$

$\underline{abcd} + a = Q$，$\underline{bcd} = H$ 为三位数

$\underline{abcd} \times 1001 = QH$

例1 7999 × 1001 = ?

解： 7999 + 7 = 8006 = Q，999 = H

7999 × 1001 = QH = 8006999

= 8006999

例2 678 × 9009 = ?

解： 678 × 9009 = 678 × 9 × 1001

= 6102 × 1001

$\underline{abcd} + a = 6102 + 6 = 6108 = Q$

$\underline{bcd} = 102 = H$

678 × 9009 = QH = 6108102

= 6108102

（d） $\underline{abcde} \times 1001$

$\underline{abcde} + \underline{ab} = Q$，$\underline{cde} = H$

$\underline{abcde} \times 1001 = QH$

例1 12345 × 1001 = ?

解： $\underline{abcde} + \underline{ab} = 12345 + 12$

= 12357 = Q，$\underline{cde} = 345 = H$

12345 × 1001 = QH = 12357345

= 12357345

*$\underline{abcdef} + \underline{abc} = Q$，$\underline{def} = H$

$\underline{abcdef} \times 1001 = QH$

809. 顺序数乘以 9

首位数为 1 时，全积的位数等于被乘数位数 n 与乘数 9 的位数 1 之和。

被乘数的个位数对 10 的补是全积的个位数。

0 是全积的十位数，被乘数的首位数 1 亦是全积的首位数。
而全积的其他位数上的数为 $1_{(n-3)}1$，因此 0 前是数 $1_{(n-2)}1$。

（a）首数是 1 的顺序数乘以 9

$12 \times 9=108=110-\boxed{2}$

$123 \times 9=1107=1110-\boxed{3}$

$1234 \times 9=11106=11110-\boxed{4}$

$12345 \times 9=111105=111110-\boxed{5}$

$123456 \times 9=1111104=1111110-\boxed{6}$

$1234567 \times 9=11111103=11111110-\boxed{7}$

$12345678 \times 9=111111102$
$=111111110-\boxed{8}$

$123456789 \times 9=1111111101$
$=1111111110-\boxed{9}$

（b）被乘数可化为顺序数

例 1 12345679×9
$=(12345678+1) \times 9$
$=12345678 \times 9+9=1_{(6)}102+9=1_{(8)}1$

例 2 12345679×9^2
$=12345679 \times 9 \times 9=1_{(8)}1 \times 9=9_{(8)}9$

（c）首数非 1 的顺序数乘以 9

全积的位数等于被乘数位数 n 与乘数的被乘数位数 1 的和。
被乘数的个位数对 10 的补前置 0 是全积的后积。
被乘数位数减 2 的差是中积的位数，1 是中积各数位上的数，被乘数的首位数是积的首位数。

例 1 $56 \times 9=?$
解：$6\&10=4$，H=04，Q=5
$56 \times 9=$QH=504=504

例 2 $234 \times 9=?$
解：$4\&10=6$，H=06，$\boxed{Z}=\boxed{1}$，Q=2
$234 \times 9=$Q$\boxed{Z}$H=2$\boxed{1}$06=2106

例 3 $3456789 \times 9=?$
解：$9\&10=1$，H=01，Z=$\boxed{11111}$
Q=3
$3456789 \times 9=$Q$\boxed{Z}$H=3$\boxed{11111}$06

=31$_{(4)}$101

810. 顺序数乘以 8

（a）首数为 1 的顺序数乘以 8
被乘数各数位上的数分别对 10
求补，补组成的数减被乘数的
个位数即是积。

例1 12×8=?

解：1，2 分别对 10 的补 9，8

12×8=98−2=96

例2 123×8=?

解：1，2，3 分别对 10 的补 9，
8，7

123×8=984=987−3

例3 1234×8=?

解：1，2，3，4 分别对 10 的
补 9，8，7，6

1234×8=9872=9876−4

例4 12345×8=?

解：12345×8=98760=98765−5

例5 123456×8=?

解：123456×8=987648
=987654−6

例6. 1234567×8=?

解：1234567×8=9876536
=9876543−7

例7 12345678×8=?

解：12345678×8=98765424
=98765432−8

例8 123456789×8=?

解：123456789×8=987654312
=987654321−9

金字塔

12×8=96=98−2

123×8=984=987−3

1234×8=9872=9876−4

12345×8=98760=98765−5

123456×8=98748=98754−6

$1234567 \times 8=9876536=9876543-7$

$12345678 \times 8=98765424$

$=98765432-8$

$123456789 \times 8=987654312$

$=987654321-9$

811. 首数为 1 的顺序数乘以 7

被乘数各数位上的数分别对 10 求补，由补组成的数减被乘数再减其个位数的差是所求积。

（b）首数非 1 的顺序数乘以 8

被乘数的各位数分别对 10 求补，由补组成的新数减被乘数的个位数是后积 H。

被乘数的首数减 1 是前积 Q。

例 1 $12 \times 7=?$

解：1，2 分别对 10 的补 9，8

$12 \times 7=(98-12)-2=86-2=84$

2 是被乘数的位数亦是被乘数的个位数

例 1 $234 \times 8=?$

解：2，3，4 分别对 10 求补为 8，7，6，组成 876

$876-4=872=H$，$2-1=1=Q$

$234 \times 8=QH=1872=1872$

例 2 $123 \times 7=?$

解：1，2，3 分别对 10 的补 9，8，7

$123 \times 7=987-123-3=864-3=861$

例 2 $5678 \times 8=?$

解：5，6，7，8 对 10 求补为 5，4，3，2，组成 5432

$5432-8=5424=H$，$5-1=4=Q$

$5678 \times 8=QH=45424=45424$

例 3 $1234 \times 7=?$

解：1，2，3，4 分别对 10 的补 9，8，7，6

$1234 \times 7=9876-1234-4=8642-4$

$=8638$

例 4　12345 × 7=?

解：12345 × 7=98765−12345−5

=86420−5=86415

例 5　123456 × 7=?

解：原式 =987654−123456−6

=864198−6=864192

例 6.　1234567 × 7=?

解：原式 =9876543−1234567−7

=8641976−7=8641969

例 7　12345678 × 7=?

解：原式 =98765432−12345678−8

=86419754−8

=86419746

例 8　123456789 × 7=?

解：原式

=987654321−123456789−9

=864197532−9

=864197523

金字塔

12 × 7=84=86−2

123 × 7=861=864−3

1234 × 7=8638=8642−4

12345 × 7=86415=86420−5

123456 × 7=864192=864198−6

1234567 × 7=8641969=8641976−7

12345678 × 7=86419746

=86419754−8

123456789 × 7=864197523

=864197532−9

* 首数为 1 的顺序数乘以 7 积的位数与被乘数位数相同。

*864200−2=864198

*8641998−22=8641976

*8641976−22=86419754

*8641954−22=864197532

812.　首数非 1 的顺序数乘以 7

（a）$2 \leqslant a \leqslant 4$，求 $\underline{a(a+1)} \times 7$

例 1 23×7=?

解：2，3 对 10 的补分别是 8，7，87 减被乘数再减其个位数的差是所求积的后积：87-23-3=61=H。

被乘数首数 2 减 1 为前积即 2-1=1=Q。

23×7=QH=161=161

例 2 34×7=?

解：3，4 对 10 的补是 7，6

76-34-4=38=H，3-1=2=Q

34×7=QH=238

例 3 45×7=?

解：4，5 对 10 的补是 6，5

65-45-5=15=H，4-1=3=Q

45×7=QH=315=315

（b）5 ≤ a ≤ 8，求 a(a+1)×7

a-2=Q，((a+1)&10)×23=H

例 1 56×7=?

解：a-2=5-2=3=Q

(a+1)&10=6&10=4，4×23=92=H

56×7=QH=392=392

例 2 67×7=?

解：6-2=4=Q

7&10=3，3×23=69=H

67×7=QH=469=469

例 3 78×7=?

解：7-2=5=Q

8&10=2，2×23=46=H

78×7=QH=546=546

例 4 89×7=?

解：8-2=6=Q

9&10=1，1×23=23=H

89×7=QH=623=623

23×7=QH=161

34×7=QH=238

45×7=QH=315

56×7=QH=392

67×7=QH=469

78×7=QH=546

89×7=QH=623

（c）求 a(a+1)(a+2) × 7 (a ≥ 2)

例 1 234 × 7=?

34 × 7=238 求 234 × 7

2 × 7+2=16=Q，H=38

234 × 7=QH=1638=1638

例 2 345 × 7=?

45 × 7=315 求 345 × 7

3 × 7+3=24=Q，H=15

345 × 7=QH=2415=2415

例 3 456 × 7=?

56 × 7=392 求 456 × 7

4 × 7+3=31=Q，H=92

456 × 7=QH=3192=3192

例 4 567 × 7=?

67 × 7=469 求 567 × 7

5 × 7+4=39=Q，H=69

567 × 7=QH=3969=3969

例 5 789 × 7=?

89 × 7=623 求 789 × 7

7 × 7+6=55=Q，H=23

789 × 7=QH=5523=5523

（d）a(a+1)(a+2)(a+3) × 7 (a ≥ 2)

例 1 2345 × 7=?

解：345 × 7=2415 求 2345 × 7

2 × 7+2=16=Q，H=415

2345 × 7=QH=16415=16415

例 2 4567 × 7=?

解：567 × 7=3969 求 4567 × 7

4 × 7+3=31=Q，H=969

4567 × 7=QH=31969=31969

*34567 × 7=?

解：4567 × 7=31969 求 34567 × 7

3 × 7+3=24=Q，H=1969

34567 × 7=QH=241969=241969

*234567 × 7=?

解：34567 × 7=241969 求 234567 × 7

2 × 7+2=16=Q，H=41969

$34567 \times 7 = QH = 1641969$

$= 1641969$

813.　综合趣算与思辩

例 1 $999 \times 778 + 333 \times 666 = ?$

解： 原式 $= 999 \times 778 + 333 \times 3 \times 222$

$= 999 \times (778 + 222) = 999 \times 10^3$

例 2 $3333^2 + 9999^2 = ?$

解 1： 原式 $= 3^2 \times 1111^2 + 9^2 \times 1111^2$

$= 3^2 \times 1111^2 \times (1 + 3^2)$

$= 1111 \times 9999 \times 10 = 111088890$

解 2： 原式 $= 3^2 \times 1111^2 + 9^2 \times 1111^2$

$= 1111^2 \times (9 + 81)$

$= 123454321 \times 90 = 111088890$

例 3 $1.25 \times 25 \times 32.32 \times 69 = ?$

解 1： 原式

$= 1.25 \times 8 \times 25 \times 4 \times 32.32 \div 32 \times 69$

$= 10 \times 100 \times 1.01 \times 69 = 1010 \times 69$

$= 69690$

解 2： 原式 $= 1.25 \times 25 \times 32 \times 1.01$

$\times 69 = 1.25 \times 8 \times 25 \times 4 \times 1.01 \times 69$

$= 10 \times 100 \times 1.01 \times 69 = 1010 \times 69$

$= 69690$

例 4 $9999 \times 9999 + 19999 = ?$

解 1： $9999 \times 9999 + 1999$

$= 99980001 + 19999 = 10_{(7)}0 = 10^8$

解 2： $9999 \times 9999 + 9999 + 10000$

$= 9999(9999 + 1) + 10000$

$= 9999 \times 10000 + 10000$

$= 10000(9999 + 1) = 10^8$

例 5 $12345679 \times 54 = ?$

解： 原式 $= 12345679 \times 9 \times 6$

$= 1_{(8)}1 \times 6 = 6_{(8)}6$

例 6. $333 \times 334 = ?$

$33 \times 34 = 1122 = jH$，$H = 22$

$j = 11$ 进位

$3(33 + 34) + 11 = 212$，$Z = 12$，$j = 2$

$3^2 + j = 3^2 + 2 = 11 = Q$

$333 \times 334 = QZH = 111222 = 111222$

例7 3̲333 × 3̲334=?

333 × 334=111222，H=222

j=111

3̲(333+334)+111=2112，Z̲=112

j=2

$3^2+j=3^2+2=11$=Q

3333 × 3334=QZH=11112222

=11112222

例8 3̲3333 × 3̲3334=?

33333 × 33334=3(4)3 × 3(3)34

=1111122222=1(4)12(4)2

*3(n)3 × 3(n-1)34=?

原式 =1(n)12(n)2   n ≥ 2

*3(n)3 × 3(n-1)35=?

原式 =1(n)15(n)5

*3(n)3 × 3(n-1)36=?

原式 =1(n)18(n)8

例9 2020 × 20212021－

2021 × 20202020=?

原　式 =2020(20210(3)0+2021)－

2021 × (20200(3)0+2020)

=2020 × 20210(3)0+2020 × 2021－

2021 × 20200(3)0－2021 × 2020=0

例10 已知：a̲b × N̲1 求 b̲a × N̲1

其中 a+b=10，2 ≤ N ≤ 9

已知：19 × 91=1729=qh

求：91 × 91=?

解1：   99－q=99－17=82=Q

110－h=110－29=81=H

91 × 91=QH=8281=8281

解2：a=H，b+10bN+aN=Q

a=1=H

b+10bN+aN

=9+10 × 9 × 9+1 × 9

=828=Q

91 × 91=QH=8281=8281

例11 225 × 28%=?

解：原式 =3 × 75 × 28%

=3 × 28 × 75%=3 × 28 ÷ 4 × 3=63

例12 已知：$615+x^2=2^Y$

求正整数解 X，Y*****

解1：因为 $x^2 \geqslant 0$，所以 $x^2=2^Y$ $-615 \geqslant 0$ 且 2^Y-615 是完全平方数，

又因 $2^9=512<615$，所以 Y>9。

$2^{10}-615=1024-615=409$，409 是非完全平方数。

$2^{11}-615=2048-615=1433$，1433 是非完全平方数。

$2^{12}-615=4096-615=3481=59^2=X^2$，3481 是完全平方数。

得 X=59，Y=12。

解2：因为 $615>2^9=512=2^Y$，所以 Y>9

假设 $615+x^2=2^{10}=1024$，

则 $x^2=1024-615=409$，

$20^2=400<409<21^2=441$，因此假设不成立。

假设 $615+x^2=2^{11}=2048$，

则 $x^2=2048-615=1433$，

$37^2=1369<1433<38^2=1444$，因此假设不成立。

假设 $615+x^2=2^{12}=4096$，

则 $x^2=4096-615=3481$，

而 $3481=59^2$，因此假设成立且有：X=59，Y=12。

例13 已知：$x^2=2^x$，求正整数解 X

解1：因为 2^x 是偶数，所以 x^2 的底数 X 是偶数

当 x=2：$x^2=2^2=4$ 又 $2^x=2^2=4$，$x^2=2^x$ 成立

当 x=4：$x^2=4^2=16$ 又 $2^x=2^4=16$，$x^2=2^x$ 成立

当 x=6：$x^2=6^2=36$ 又 $2^x=2^6=64$，$x^2<2^x$

当 x=8，10，12…：皆有 $x^2<2^x$

综上分析得 x=2 或 4

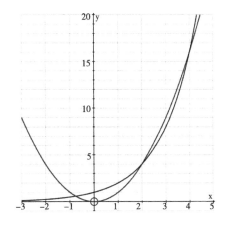

解2：因为 2^x 是偶数，所以 x 亦是偶数。

将 $x^2=2^x$ 两端同时开平方且取算

算术平方根：

$x=2^{x/2}$

当 x=2：左端 =x=2；右端 $=2=2^{2/2}=2$，$x^2=2^x$ 成立。

当 x=4：左端 =x=4；右端 $=2^{4/2}=2^2=4$，$x^2=2^x$ 成立。

当 x=6：左端 =x=6=；右端 $=2^{6/2}=2^3=8$，$x^2<2^x$。

当 x=8，10，12···：皆是 $x^2<2^x$。

综上分析得 x=2 或 4。

例14 已知：$n!+8=2^k$ 求正整数解 n，k

解：$n!+8=2^k$

$n!=2^k-8=2^3(2^{k-3}-1)$

因为 0！=1

所以 k−3 ≥ 1，k ≥ 1=4

当 k=4，$2^k-8=16-8=8$，3 ！< 8 < 4!。

当 k=5，$2^k-8=32-8=24=4!$ 即 n=4。

当 k=6，$2^k-8=64-8=56$，24 ！< 8 < 5!。

当 k=7，$2^k-8=128-8=120=5$ ！即 n=5。

当 k=8，$2^k-8=256-8=248$，5 ！< 248 < 6!。

当 k=9，$2^k-8=512-8=504$，5 ！< 248 < 6!。

当 k=10，$2^k-8=1024-8=1016$，6 ！< 1024 < 7!。

当 k=11，12，13···不存在对应的 $n!=2^k-8$。

综上所述 n=4，k=5；n=5，k=7。

例15 已知：$x^x=\dfrac{1}{4}$，求整数 X

解：因为 $\dfrac{1}{4}=\dfrac{1}{2^2}=\dfrac{1}{(-2)^2}=(-2)^{-2}$

所以 $x^x=(-2)^{-2}$ 即 x=-2

验证 $X^x=-2^{-2}$ x$=-\dfrac{1}{2^2}=-\dfrac{1}{4}\neq\dfrac{1}{4}$，

此题无解

问题所在：$a^{-2}=b^{-2}$，a 不一定等于 b

例16 已知：1 ⊕ 4=5

2 ⊕ 5=12

3 ⊕ 6=21

求：8 ⊕ 11=？

观察前三行的运算规律与逻辑：加号"⊕"被赋予新的运算功能；

第一列 1，2，3 与第二列 4，5，6 都是连续的自然数，因此得如下运算规律与逻辑：

解1：因为 1⊕4=1×(1+4)=5

2⊕5=2×(1+5)=12

3⊕6=3×(1+6)=21

所以 8⊕11=8×(1+11)=96

解2：因为 1⊕4=1+1×4=5

2⊕5=2+2×5=12

3⊕6=3+3×6=21

所以 8⊕11=8+8×11=96

解3：因为 1⊕4=5+0=5

2⊕5=7+5=12

3⊕6=9+12=21

推出 4⊕7=11+21=32

5⊕8=13+32=45

6⊕9=15+45=60

7⊕10=17+60=77

所以 8⊕11=19+77=96

解4：因为 1⊕4=1+4+0=5

2⊕5=2+5+5=12

3⊕6=3+6+12=21

推出 4⊕7=4+7+21=32

5⊕8=5+8+32=45

6⊕9=6+9+45=60

7⊕10=7+10+60=77

所以 8⊕11=8+11+77=96

解5：1⊕4=5=1+4

2⊕5=12=(1+2)+(4+5)

3⊕6=21=(1+2+3)+(4+5+6)

推出 4⊕7=32=(1+2+3+4)+(4+5+6+7)

5⊕8=45=(1+2+3+4+5)+(4+5+6+7+8)

6⊕9=60=(1+2+3+4+5+6)+(4+5+6+7+8+9)

7⊕10=77=(1+2+3+4+5+6+7)+(4+5+6+7+8+9+10)

所以 8⊕11=96=(1+2+3+4+5+6+7+8)+(4+5+6+7+8+9+10+11)

加号"⊕"被赋予新的运算功能，不同于"+"。

解6：因为 1⊕4=1+4+0=5

2⊕5=2+5+5=12

3⊕6=3+6+12=21

所以 8⊕11=8+11+21=40

因为"解6"第一列1，2，3，8中的8与第二列4，5，6，11中的11，都违背了与3，与7是连续自然数规律，"跳崖而至"不符合逻辑，所以答案为

40 是不正确的！

例17 8÷2(1+3)=?

算术四则运算的运算符仅有加，减，乘，除，大中小括号，不应将代数或计算机的运算符和规则滥用于算术四则运算。

对于题目：8÷2(1+3)=?，首先应搞清楚该题目是代数题（尽管题中无字母）不是算术题，理由是 2(1+3) 这一算式中 2 与 (1+3) 之间省去了"×"。因此应视 2 是 (1+3) 的"系数"所以 8÷2(1+3)=1 而非 16。

蒙《周髀算经》与《九章算术》之光华命名的"周九小算典"其系列丛书有:《巧算整数乘法》《巧算整数除法》《巧算分数乘除法》等。

现摘录《巧算整数除法》中"整数除以 7"的章节,以飨读者。

约定:vw 至少是两位正整数,将 w 从 vw 割下,称 w 为割数,v 为剩数。如:将 1368 的个位数 8 割下,8 是割数,136 是剩数。

① 取被除数 vw 的个位数 w 为割数,v 是剩数,若 v−2w=N×7,则 vw 被能被 7 整除。

② 取被除数 vw 的个位数 w 为割数,v 是剩数,若 v+5w=N×7,则 vw 能被 7 整除。

③ vw 是多位数,取它的末三位数 w 为割数,v 是剩数,若 w−v=N×7,则 vw 能被 7 整除。

以上是判定 vw 能否被 7 整除的三种方法,各种方法也可交叉连续多次使用。

N 是正整数或负整数。

若有余数,此余数不是被除数除以 7 的余数。

901. 判断三四位数能否被 7 整除

例1 893÷7

解: 取 3 为割数,则 89 是剩数

89−2×3=83=11×7+6,余 6

891 不能被 7 整除

例2 2056÷7

解1：取 6 为割数，则 205 是剩数

205−2×6=193

再取 3 为割数则 19 是剩数

19−2×3=13，余 6

2056 不能被 7 整除

解2：先取定割数，让剩数适量减 M×7 后再减 2 倍割数，若差是 7 的整数倍，则被除数能被 7 整除。

因为取 6 为割数，则 205 是剩数

205−25×7−2×6=18=2×7+4

取 M=25；余 4

所以 2056 不能被 7 整除

解3：取 6 为割数，则 205 是剩数

205−30×7−2×6=−17=−3×7+4

取 M=30；余 4

2056 不能被 7 整除

例3 6979÷7

解1：取 9 为割数，697 是剩数

697−90×7−2×9=697−648=49

=7×7，取 M=90

6979 能被 7 整除

解2：取 9 为割数，则 697 是剩数

697−(10×7+2)×9

=697−648=49=7×7

6979 能被 7 整除

例4 9304÷7

解1：取 4 为割数，则 930 是剩数

930−130×7−2×4=12=1×7+5

取 M=130；余 5

9304 不能被 7 整除

解2：取 4 为割数，930 是剩数

930−130×7+5×4=20+20

=40=5×7+5，取 M=130；余 5

9304 不能被 7 整除

902. 判断多位数能否被 7 整除

五位及五位以上的数除以 7，取其末三位数为割数，割数与剩数差是 7 的整数倍，该数能被 7 整除。

例1 31969 ÷ 7

解1： 取 969 为割数，则 31 是剩数

969−31=938

938 是三位数，取 8 为割数，则 93 是剩数

93−2×8=77=11×7，31969 能被 7 整除

解2： 31969 ÷ 7

取 969 为割数，则 31 是剩数

969−130×7−31=28=4×7

取 M=130

31969 能被 7 整除

例2 355987 ÷ 7

解1： 取 987 为割数，则 355 是剩数

987−355=632

取 632 的个位数 2 为割数，则 63 是剩数

63−2×2=59=8×7+3，余 3

355987 不能被 7 整除

解2： 355987 ÷ 7

取 987 为割数，则 355 是剩数

987−80×7−355=72=10×7+2

取 M=80；余 2

355987 不能被 7 整除

* 本题用"判断方法"得到的结果余 2，2 不是 355987÷7 的余数。

903.　求两位数 ab ÷ 7 的余数

① (3a+b)÷7 的余数亦是 ab÷7 的余数。

② (4a−b)÷7 的余数，7 减该余数亦是 ab÷7 的余数。

例1 求 69÷7 的余数

解1： (3a+b)÷7=(3×6+9)÷7

=27÷7=3……6

69÷7 余 6

解2： (4a−b)÷7

=(4×6−9)÷7

=15÷7=2……1

7−1=6 是 69÷7 的余数

例2 求 93÷7 的余数

解1： (3a+b)÷7=(3×9+3)÷7

=30÷7=4……2

93÷7 余 2

解2: （4 a − b）÷7=(4×9−3)÷7=33÷7=4……5

7−5=2 是 93÷7 的余数

例3 求 98÷7 的余数

解1: (3×9+8)÷7=35÷7=5

98 能被 7 整除

解2: (4×9−8)÷7=28÷7=4

98 能被 7 整除

904. 求 三 位 数 abc̲÷7 的余数

① (2a+bc̲)÷7 的余数亦是 abc̲÷7 的余数。

② (bc̲−5a)÷7 的余数亦是 abc̲÷7 的余数。

③ (4ab̲−c)÷7 的余数，7 减该余数的差是 abc̲÷7 的余数。

例1 求 676÷7 的余数

解1: (2a+bc̲)÷7=(2×6+76)÷7

=88÷7=12……4

676÷7 余 4

解2: (bc̲−5a)÷7=(76−5×6)÷7

=46÷7=6……4

676÷7 余 4

解3: 4ab̲−c=4×67−6=262

=37×7+3

7−3=4，676÷7 余 4

解4: 4ab̲−c=4×67−6=262

262−40×7=−18

=−3×7+3

7−3=4，676÷7 余 4

例2 求 932÷7 的余数

解1: (2a+bc̲)÷7=(2×9+32)÷7

=50÷7=7……1

932÷7 余 1

解2: (bc̲−5a)÷7

=(32−5×9)÷7

=−13÷7=−2……1

932÷7 余 1

解3： $(4\underline{ab}-c) \div 7$

$=(4 \times 93-2) \div 7$

$=370 \div 7=52 \cdots\cdots 6$

$7-6=1$

$932 \div 7$ 余 1

解4： $(932-130 \times 7) \div 7$

$=22 \div 7=3 \cdots\cdots 1$，$M=130$

$932 \div 7$ 余 1

例3 求 $987 \div 7$ 的余数

解1： $(2a+\underline{bc}) \div 7=(2 \times 9+87) \div 7$

$=105 \div 7=15$

987 能被 7 整除

解2： $\underline{bc}-5a=87-5 \times 9=42$

$=6 \times 7$

987 能被 7 整除

解3： $987-130 \times 7=77=11 \times 7$

987 能被 7 整除

905. 求四位数 $\underline{abcd} \div 7$ 的余数

① $(2\underline{ab}+\underline{cd}) \div 7$ 的余数亦是 $\underline{abcd} \div 7$ 的余数。

② $(5\underline{ab}-\underline{cd}) \div 7$ 的余数，7 减该余

数的差亦是 $\underline{abcd} \div 7$ 的余数。

例1 求 $3194 \div 7$ 的余数

解1： $(2\underline{ab}+\underline{cd}) \div 7$

$=(2 \times 31+94) \div 7$

$=156 \div 7=22 \cdots\cdots 2$

$3194 \div 7$ 余 2

解2： $3194-400 \times 7=394$

选 $N=400$

$394-50 \times 7=44=6 \times 7+2$，选 $N=50$

$3194 \div 7$ 余 2

例2 求 $5048 \div 7$ 的余数

解1： $(2\underline{ab}+\underline{cd}) \div 7$

$=(2 \times 50+48) \div 7$

$=148 \div 7=21 \cdots\cdots 1$

$5048 \div 7$ 余 1

解2： $5048-700 \times 7=148=21 \times 7+1$

取 $M=700$

$5048 \div 7$ 余 1

例3 求 $6986 \div 7$ 的余数

解1： $(2\underline{ab}+\underline{cd}) \div 7$

$=(2 \times 69+86) \div 7$

=224÷7=32

6986 能被 7 整除

解2：6986−1000×7

=6986−7000=−14=−2×7

取 M=1000

6986 能被 7 整除

解3：取 986 为割数，则 6 为剩数

986−6=980=140×7

6986 能被 7 整除

例4 求 222222÷7 的余数

解：六位数前三位数与后三数相同，则这六位数能被 7 整除。

例5 求 2$_{(2000)}$2÷7 的余数

解：因为 222222÷7=2$_{(5)}$2÷7

=31746

所以 6 位数 2$_{(5)}$2 能被 7 整除

2001=6×333+3 即 在 2$_{(2000)}$2 中有 333 个权重大小不同的数组 2$_{(5)}$2，2001−6×333=2001−1998=3，即 在 2$_{(2000)}$2 中剔去 2$_{(1997)}$2 位 2 后

还剩下 3 位 2 即 222，222÷7=31 余 5，即 2$_{(2000)}$2÷7 余数为 5。

例6. 求 2$_{(2020)}$2÷7 的余数

解：因为 222222÷7=2$_{(5)}$2÷7

=31746

所以 6 位数 2$_{(5)}$2 能被 7 整除

2021÷6=336+5 即在 2$_{(2020)}$2 中有 336 个权重大小不同的数组 2$_{(5)}$2，还剩下 5 位 2 即 22222，22222÷7=3174 余 4，即 2$_{(2020)}$2÷7 余 4

906. 逐次递减 7 的整数倍求商

被除数的首数大于除数的首数，被除数的位数即整数商的位数。

被除数的首数小于除数的首数，被除数的位数减 1 是整数商的位数。

例1 91÷7=?

解：91−11×7=14=2×7

91÷7=11+2=13

例 2 $998 \div 7 = ?$

解: $998 - \boxed{140} \times 7 = 18 = \boxed{2} \times 7 + 4$

$\boxed{140} + \boxed{2} = 142$

$998 \div 7 = 142\dfrac{4}{7} = 142\dfrac{4}{7}$

例 3 $6963 \div 7 = ?$

解: $6963 - \boxed{900} \times 7 = 663$

$663 - \boxed{90} \times 7 = 33 = \boxed{4} \times 7 + 5$

$\boxed{900} + \boxed{90} + \boxed{4} = 994$

$6963 \div 7 = 994\dfrac{5}{7} = 994\dfrac{5}{7}$

例 4 $31975 \div 7 = ?$

解: $31975 - \boxed{4500} \times 7 = 475$

$475 - \boxed{60} \times 7 = 55 = \boxed{7} \times 7 + 6$

$\boxed{4500} + \boxed{60} + \boxed{7} = 4567$

$31975 \div 7 = 4567\dfrac{6}{7} = 4567\dfrac{6}{7}$

例 5 $111111 \div 7 = ?$

$111111 - \boxed{15000} \times 7 = 6111$

$6111 - \boxed{800} \times 7 = 511$

$511 - \boxed{70} \times 7 = 21 = \boxed{3} \times 7$

$111111 \div 7 = \boxed{15000} + \boxed{800} + \boxed{70} + \boxed{3}$

$= 15873$

$*NNNNNN \div 7 = N_{(5)}N \div 7 = N \times 15873$

$2 \leqslant N \leqslant 9$

$*555555 \div 7 = 5_{(5)}5 \div 7 = 5 \times 15873$

$= 79365$

$*999999 \div 7 = 9_{(5)}9 \div 7 = 9 \times 15873$

$= 142857$

$*1000000 \div 7 = (999999 + 1) \div 7$

$= 142857.\overset{\bullet}{1}4285\overset{\bullet}{7}$

例 6. $843765 \div 7 = ?$

解: $843765 - \boxed{120000} \times 7 = 3765$

$3765 - \boxed{500} \times 7 = 265$

$265 - \boxed{37} \times 7 = 6$

$\boxed{120000} + \boxed{500} + \boxed{37} = 120537$

$843765 \div 7 = 120537\dfrac{6}{7} = 120537\dfrac{6}{7}$

例 7 $4580241 \div 7 = ?$

解: $4580241 - \boxed{650000} \times 7$

$= 30241$

$30241 - \boxed{4000} \times 7 = 2241$

$2241 - \boxed{300} \times 7 = 141 = \boxed{20} \times 7 + 1$

$\boxed{650000} + \boxed{4000} + \boxed{300} + \boxed{20} = 654320$

$4580241 \div 7 = 654320\dfrac{1}{7} = 654320\dfrac{1}{7}$

907. 分段求商

被除数的首数大于除数的首数，被除数的位数即整数商的位数。被除数的首数小于除数的首数，被除数的位数减1是整数商的位数。

例1 968÷7=?

解：968 分成 96、8 两段

96÷7=13 ×7 余 5，5 与 8 组成 58

58÷7=8 ×7 余 2

968÷7=138 $\frac{2}{7}$ =138 $\frac{2}{7}$

例2 4963÷7=?

解：4963 分成 49、63 两段

49÷7=7 ×7 余 0

0 的后位数 6 小于 7，0 在商中占位

63÷7=9 ×7

4963÷7=709 =709

例3 16383÷7=？

解：16383 分为 163、83 两段

163=23 ×7 余 2，2 与 83 组成 283

283=40 ×7 余 3

16383÷7=2340 $\frac{3}{7}$ =2340 $\frac{3}{7}$

例4 31969÷7=?

解：31969 分成 319、69 两段

319=45 ×7 余 4，4 与 69 组成 469

469=67 ×7

31969÷7=4567 =4567

例5 691355÷7=?

解：691355 分 成 69、13、55 三段

69=9 ×7 余 6，6 与 13 组成 613

613=87 ×7 余 4

4 与 55 组成 455

455=65 ×7

691355÷7=98765 =98765

例6 989097÷7=?

解：989097 分为 98、90、97 三段

98=14 ×7 余 0

0 的后位数 9 大于 7，舍掉 0 取

90 继续

90−⬛12×7=6 余 6，6 与 97 组 成

697

697−~~99~~×7=4 余 4

$989097÷7=141299\dfrac{4}{7}=141299\dfrac{4}{7}$

908.　小数商的循环周期

$1÷7=\dfrac{1}{7}=0.\dot{1}4285\dot{7}$

$2÷7=\dfrac{2}{7}=0.\dot{2}8571\dot{4}$

$3÷7=\dfrac{3}{7}=0.\dot{4}2857\dot{1}$

$4÷7=\dfrac{4}{7}=0.\dot{5}7142\dot{8}$

$5÷7=\dfrac{5}{7}=0.\dot{7}1428\dot{5}$

$6÷7=\dfrac{6}{7}=0.\dot{8}5714\dot{2}$

① 用 14、28、56+1=57 三段 数 记忆 $1÷7=0.142857$

② 2÷7 小数点后两位数为

2×14=28

将 0.$\dot{1}$4285$\dot{7}$ 的 $\dot{1}$4 右移至 5$\dot{7}$ 之 后得 0.$\dot{2}$8571$\dot{4}$=2÷7

③ 3÷7 小数点后两位数为

3×14=42

将 0.$\dot{1}$42857 的 $\dot{1}$ 右移至之 5$\dot{7}$ 后得

0.$\dot{4}$28571=3÷7

④ 4÷7 小数点后两位数为

4×14+1=57

将 0.$\dot{1}$42857 的 57 右移 至 1428 之前得 0.$\dot{5}$71428=4÷7

⑤ 5÷7 小数点后两位数为 71

=5×14+1

将 0.$\dot{1}$42857 的 7 右移至 $\dot{1}$ 之前 得 0.$\dot{7}$14285=5÷7

⑥ 6÷7 小数点后两位数为 85

=6×14+1

将 0.$\dot{1}$42857 的 857 右移 至 $\dot{1}$42 之前得 0.$\dot{8}$57142=6÷7

例 1　9÷7=?

解：$9÷7=1\dfrac{2}{7}=1.\dot{2}8571\dot{4}$

巧 算 整 数 乘 法

例 2　$88 \div 7 = ?$

解：$88 \div 7 = 12\frac{4}{7} = 12.\dot{5}7142\dot{8}$

解：$199 \div 7 = 28\frac{3}{7} = 28.\dot{4}2857\dot{1}$

例 4　$3681 \div 7 = ?$

解：$3681 \div 7 = 525\frac{6}{7} = 525.\dot{8}5714\dot{2}$

例 3　$199 \div 7 = ?$

当代巧算思维的旗帜

——喜读周国煜老师的《巧算整数乘法》

作为周老的朋友，有幸先拜读他用几年心血独立编撰的《周九小算典》系列丛书——《巧算整数乘法》《巧算整数除法》《巧算分数乘除法》《巧算微积分》的首卷《巧算整数乘法》手稿。

他严谨的治学态度、独创的开拓精神，令我十分敬佩。例如，他将888888简记为 $8_{(5)}8$；快速计算一个整数乘以若干位9；引进"符号补数"……简而言之《巧算整数乘法》关于整数乘法计算共八章，章章都彰显他的独创匠心，题题都令人耳目一新。

因而，《巧算整数乘法》是一本对青少年数学爱好者以及辅导孩子学习初等数学的家长和教师不可或缺的最佳"辞典"工具书。

我们都知道数学是一种精确的语言和工具，不仅是一门博大精深并应用广泛的科学，更是一种先进的文化。要学好数学，不等于拼命做题、背公式，而是要着重领会数学的思想方法和精神实质。

愿广大数学爱好者，通过阅读《巧算整数乘法》能充分感受到数学文化的魅力与精准，掌握巧算精髓，从而达到培养数学逻辑思维、启迪心智的目的。

马艳君

2021 年 4 月 15 日

编者的话

　　和周老师的相识很偶然，四年前冬天的一天，周老师来到我们出版社，经同事介绍，我认识了周老师。印象中，周老师鹤发童颜，精神矍铄，在聊天过程中周老师对巧算数学的热情深深地感染了我。同样作为理工科出身的我，和周老师之间关于巧算产生了某种共鸣。

　　于是，我和周老师之间就巧算开展了深入沟通，我认真聆听周老师介绍的每一个算法，我们也会认真地验算，从中找出该算法的合理性。在出版社的一楼大厅，还有十二楼的小会议室，我们拿出十来页纸，一算就是一两个小时。冬日的斜阳和醇厚的咖啡，记录下那段时光里某种藏于内心深处的默契。

　　在和周老师沟通、学习的过程中，我被周老师的认真和创新精神所感动。周老师对每一个算法都事无巨细地进行验算，通过验算求证真理，周老师说这是一个快乐的发现过程。周老师往往不拘泥于已有的验算方法，别出心裁，提出新的创意。周老师每次都会很兴奋地向我介绍，自己的方法打败了多少其他的方法，这种开心和快乐也不断地传递给我，让我更多地感受到巧算的吸引力。周老师的幽默风趣也在交流过程中流露无疑，成为我们之间珍贵友谊的难忘回忆。

　　周老师旅居加拿大，每年要在加拿大居住六个月以上。那段时间我们就通过微信联系，话语之间能深刻感受到周老师对祖国的深深眷恋。周老师创作出版这本图书的初衷，也是为了弘扬我国古代的巧算方法。国内出版的

"印度数学"图书种类繁多，几近泛滥成灾，其实质是有人将一些碎片化的，甚至经不起推敲的"错误巧算"方法，冠以"印度数学"之名在市场进行不负责地兜售罢了。周老师强烈地呼吁要更多地重视我们本土的巧算方法，挖掘我国的文化成果，保护我们的文化资源，这也似乎成为周老师的一种文化使命。怀揣着这样的文化使命，周老师能够克服诸多困难，将自己的研究成果奉献给现在的每一位读者。

中国的巧算方法走出去，需要靠更多像周老师这样，真心热衷巧算事业，并能不断创新、不断求证的人。我们真心希望能有更多的读者热爱巧算，并在巧算过程中学会科学的思维模式，开启对科学的探索。

呈现在您面前的《巧算整数乘法》是"周九小算典"系列丛书的第一本书，后续将出版的《巧算整数除法》《巧算分数乘除法》初稿已完成。假如系列丛书能有幸得到社会认同，周老师打算一直写到《巧算微积分》，相信会为您打开一扇走进巧算的大门，给您带来不一样的学习经历。

徐家春

2021 年 4 月 20 日